通辽市
肉猪标准汇编

◎ 贾伟星　高丽娟　郭　煜　郑海英 / 主编

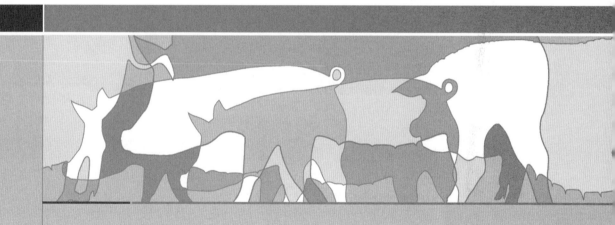

中国农业科学技术出版社

图书在版编目（CIP）数据

通辽市肉猪标准汇编／贾伟星等主编 . —北京：中国农业科学技术出版社，2017.7
　ISBN 978-7-5116-3176-3

　Ⅰ.①通…　Ⅱ.①贾…　Ⅲ.①肉用型-猪-标准-汇编-中国
Ⅳ.①S828.9-65
　中国版本图书馆 CIP 数据核字〔2017〕第 165000 号

责任编辑　　李　雪　　徐定娜
责任校对　　李向荣

出 版 者　中国农业科学技术出版社
　　　　　北京市中关村南大街 12 号　邮编：100081
电　　话　（010）82109707（编辑室）
　　　　　（010）82109702（发行部）
　　　　　（010）82109709（读者服务部）
传　　真　（010）82109707
网　　址　http://www.castp.cn
经 销 者　各地新华书店
印 刷 者　北京富泰印刷有限责任公司
开　　本　787 mm×1 092 mm　1/16
印　　张　10.75
字　　数　235 千字
版　　次　2017 年 7 月第 1 版　2017 年 7 月第 1 次印刷
定　　价　280.00 元

《通辽市肉猪标准汇编》
编写人员

主　　编：贾伟星　高丽娟　郭　煜　郑海英
副主编：包桂英　杨晓松　蔡红卫　李　津　孙丽荣
编写人员：(按姓氏笔画排序)

于大力	于芳萱	于　明	王景山	代春玲
付明山	包明亮	包桂英	刘哲迁	孙丽荣
杨　帅	杨晓松	杨醉宇	李方哲	李芳萍
李良臣	李　欣	李建春	李　津	吴敖其尔
张延和	张　军	阿木古楞	林树和	郑海英
赵澈勒格日	柳绍利	战洪波	贾伟星	高丽娟
高金保	郭　煜	萨日娜	斯日古楞	董志强
韩润英	蔡红卫	戴　雪		

前　言

　　通辽市位于内蒙古自治区东部，是国家重要的商品粮基地和畜牧业生产基地，肉猪产业在通辽市畜牧业生产中占有重要地位，是通辽市优势特色产业之一，2016 年牧业年度生猪存栏 553.5 万头，全年肉猪出栏 490 万头，猪肉产量 29.5 万吨。为了进一步提高通辽市肉猪产业技术水平，实现从数量型向质量型、效益型生产方式的转变，必须进行标准化生产。标准化是肉猪产业实现现代化发展的根本措施，是新形势下加快肉猪产业转型升级的必然要求，是实现农牧业生产可持续发展的重大举措。

　　我们收集了大量的国家、自治区相应的标准规范与技术类规范性文件，在此基础上，针对通辽地区的产业特色，基于"保护知名品牌和地方特色、全力建设绿色农畜产品生产加工输出基地"的要求，在通辽市委、政府组织下，承担了"通辽市肉猪标准"起草工作。我们的专业技术人员有着雄厚的理论基础和丰富的生产实践经验，历经一年有余的努力工作，收集材料、开展调研、争求意见、反复讨论，经过多次修订、完善、整理，在 2014 年 5 月份通过了来自国家、自治区级的 20 余位专家学者的审定，由通辽市质量技术监督局发布实施。"通辽市肉猪标准汇编"，共包含了肉猪产业七方面内容：基础综合、环境与设施、养殖生产、精深加工、产品质量、检验检测、流通销售，计 205 项标准，其中：收录了国家标准 114 项，行业标准 69 项，自治区地方标准 3 项，新制定"通辽市农业地方标准——肉猪标准"19项。新制定的 19 项肉猪标准，本着"绿色"、"适用"的原则，从通辽地区地域特点和现有生产技术水平出发，在"产地环境"、"猪舍设计与建筑"、"猪舍条件卫生"、"繁殖技术"、"繁育技术"、"饲养管理"、"饲料与饲料加工"、"疾病防控"、"猪肉质量"等几方面进行制定，部分技术指标高于或严于国家和行业标准，更能体现通辽地区肉猪产业的特色。《通辽市肉猪标准汇编》的出版发行，符合通辽市优势特色肉猪产业发展的要求，对于通辽市肉猪产业的标准化建设和现代化发展具有重要指导意义和推动作用。

　　在此，我们向为标准编制过程中给予大力支持的养猪企业、屠宰加工企业及参与的社会同仁表示衷心的感谢！

　　本标准汇编涵盖了整个肉猪产业，由于时间短，工作量大，在编制过程中难免有疏漏之处，标准在执行的过程中我们会不断地修订完善，希望广大读者批评指正。

编者

2017 年 6 月

目　　录

DB 1505/T 005—2014　畜牧养殖　产地环境技术条件 ……………………………（1）

DB 1505/T 100—2014　猪肉质量安全追溯系统技术规范 …………………………（11）

DB 1505/T 101—2014　猪常温精液生产技术规程 …………………………………（21）

DB 1505/T 102—2014　猪用饲料质量安全要求 ……………………………………（32）

DB 1505/T 103—2014　育肥猪用药准则 ……………………………………………（41）

DB 1505/T 104—2014　瘦肉型种猪饲养管理技术规程 ……………………………（50）

DB 1505/T 105—2014　猪舍环境质量要求 …………………………………………（57）

DB 1505/T 106—2014　猪场兽医防疫规程 …………………………………………（65）

DB 1505/T 107—2014　绿色育肥猪饲养管理技术规程 ……………………………（70）

DB 1505/T 108—2014　种猪场技术规范 ……………………………………………（77）

DB 1505/T 109—2014　猪场生物安全技术规范 ……………………………………（88）

DB 1505/T 110—2014　规模化猪场卫生消毒技术规程 ……………………………（94）

DB 1505/T 111—2014　商品猪场技术规范 …………………………………………（101）

DB 1505/T 112—2014　猪舍设计与建筑技术规范 …………………………………（109）

DB 1505/T 113—2014　种猪淘汰技术要求 …………………………………………（117）

DB 1505/T 114—2014　种猪性能测定技术规范 ……………………………………（122）

DB 1505/T 115—2014　野猪及其杂交猪繁殖技术规程 ……………………………（128）

DB 1505/T 116—2014　野猪及其杂交猪饲养管理技术规程 ………………………（135）

DB 1505/T 133—2014　野猪及其杂交猪猪肉 ………………………………………（143）

通辽市肉猪标准体系表 ………………………………………………………………（152）

ICS 65.020.30
B 40

DB1505

通 辽 市 农 业 地 方 标 准

DB 1505/T 005—2014

畜牧养殖 产地环境技术条件

2014—05—10 发布   2014—06—10 实施

通辽市质量技术监督局   发布

前　言

本标准按 NY/T 391—2013　绿色食品　产地环境技术条件及相关标准和规定而编制。

本标准与 NY/T 391 的主要差异性：

——二氧化硫日均值为≤0.15 mg/m³调整为≤0.12 mg/m³。

——小时均值为≤0.50 mg/m³调整为≤0.40 mg/m³。

——氮氧化物日均值为≤0.10 mg/m³调整为≤0.08 mg/m³。

——小时均值为≤0.15 mg/m³调整为≤0.12 mg/m³。

本标准由通辽市质量技术监督局提出。

本标准由通辽市环保局归口。

本标准起草单位：通辽市环保监测站、通辽市质量技术监督局。

本标准主要起草人：侯毓、贾玉鹏、朱天涛、王春艳、闫存峰、蔡红卫。

畜牧养殖 产地环境技术条件

1 范　围

本标准规定了畜牧养殖基地的环境空气质量、牲畜饮用水水质和土壤环境质量的各项指标及浓度限值，也规定了圈舍的空气质量的各项指标及浓度限值，明确监测和评价方法。

本标准适用于通辽地区畜牧养殖基地。

2 规范性引用文件

下列文件对于本文件的应用是必不可少的。凡是注日期的引用文件，仅所注日期的版本适用于本文件。凡是不注日期的引用文件，其最新版本（包括所有的修改单）适用于本文件。

GB 6920　水质　pH 值的测定　玻璃电极法

GB 7467-87　水质　六价铬的测定　二苯碳酰二肼分光光度法

GB 7475-87　水质　铜、锌、铅、镉的测定　原子吸收分光光谱法

GB 7475-89　水质铜、锌、铅、镉的测定　原子吸收分光光度法

GB/T 11742　居住区大气中硫化氢卫生检验标准方法　亚甲基蓝分光光度法

GB/T 11903　水质　色度的测定

GB/T 14668　空气质量　氨的测定　纳氏试剂比色法

GB/T 15432　环境空气　总悬浮颗粒物的测定　重量法

GB/T 17137　土壤质量　总铬的测定　火焰原子吸收分光光度法

GB/T 17138　土壤质量　铜、锌的测定　火焰原子吸收分光光度法

GB/T 17140　土壤质量　铅、镉的测定　KI-MIBK 萃取　火焰原子吸收分光光度法

GB/T 17141　土壤质量　铅、镉的测定　石墨炉原子吸收分光光度法

GB/T 22105.1　土壤质量　总汞、总砷、总铅的测定　原子荧光法　第 1 部分：土壤中总汞的测定

GB/T 22105.2　土壤质量　总汞、总砷、总铅的测定　原子荧光法　第 2 部分：土壤中总砷的测定

HJ/T 84-2001　水质无机阴离子的测定　离子色谱

HJ/T 91　地表水和污水监测技术规范

HJ/T 164　地下水环境监测技术规范

HJ/T 166　土壤环境监测技术规范

HJ/T 193　环境空气质量自动监测技术规范

HJ/T 194　环境空气质量手工监测技术规范

HJ 479　环境空气　氮氧化物（一氧化氮和二氧化氮）的测定　盐酸萘乙二胺分光光度法

HJ 482　环境空气　二氧化硫的测定　甲醛吸收-副玫瑰苯胺分光光度法

HJ 483　环境空气　二氧化硫的测定　四氯汞盐吸收-副玫瑰苯胺分光光度法

HJ 484-2009　水质　氰化物的测定　容量法和分光光度法

HJ 618　环境空气　PM10 和 PM2.5 的测定　重量法

HJ 630　环境监测质量管理技术导则

水和废水监测分析方法（第四版增补版）　嗅和味　文字描述法

水和废水监测分析方法（第四版增补版）　浑浊度　浊度仪法

水和废水监测分析方法（第四版增补版）　肉眼可见物　文字描述法

水和废水监测分析方法（第四版增补版）　汞　原子荧光法

水和废水监测分析方法（第四版增补版）　砷　原子荧光法

水和废水监测分析方法（第四版增补版）　总大肠菌群　多管发酵法

水和废水监测分析方法（第四版增补版）　细菌总数　平板法

水和废水监测分析方法（第四版增补版）　二氧化碳　滴定法

国家环境保护总局 2007 年第 4 号公告　环境空气质量监测规范（试行）

3　术语和定义

下列术语和定义适用本标准。

3.1　环境空气

指人群、植物、动物和建筑物所暴露的室外空气。

3.2　总悬浮颗粒物

指环境空气中空气动力学当量直径小于等于 100 μm 的颗粒物。

3.3　可吸入颗粒物

指环境空气中空气动力学当量直径小于等于 10 μm 的颗粒物。

3.4 1小时平均值

指任何 1 小时污染物浓度的算术平均值。

3.5 日均值

指一个自然日 24 小时平均浓度的算术平均值，也称 24 小时平均值。

3.6 环境背景值

环境中的水、土壤、大气、生物等要素，在其自身的形成与发展过程中，还没有受到外来污染影响下形成的化学元素组分的正常含量。又称环境本底值。

3.7 环境区划

环境区划分为环境要素区划、环境状态与功能区划、综合环境区划等。

3.8 水质监测

指为了掌握水环境质量状况和水系中污染物的动态变化，对水的各种特性指标取样、测定，并进行记录或发出讯号的程序化过程。

3.9 地表水

地表水是指存在于地壳表面，暴露于大气的水，是河流、冰川、湖泊、沼泽四种水体的总称，亦称"陆地水"。

3.10 地下水

狭义指埋藏于地面以下岩土孔隙、裂隙、溶隙饱和层中的重力水，广义指地表以下各种形式的水。

3.11 土 壤

由矿物质、有机质、水、空气及生物有机体组成的地球陆地表面上能生长植物的疏松层。

3.12 舍 区

畜禽所处的半封闭的生活区域，即畜禽直接的生活环境区。

3.13 场 区

规模化畜禽场围栏或院墙以内、舍区以外的区域。

3.14 缓冲区

在畜禽场周围，沿场院向外≤500 m 范围内的畜禽保护区，该区具有保护畜禽场免受外界污染的功能。

4 环境质量要求

畜牧养殖基地应选择在无污染源、远离土壤重金属明显偏高地区。

4.1 空气环境质量要求

养殖基地空气中各项污染物含量不应超过表 1 所列的指标要求。

表 1 环境空气中各项污染物的指标要求

项目	单位	指标	
		日平均	小时平均
总悬浮颗粒物	mg/m³	≤0.30	—
可吸入颗粒物	mg/m³	≤0.15	—
二氧化硫	mg/m³	≤0.12	≤0.40
氮氧化物	mg/m³	≤0.08	≤0.12
氟化物	μg/m³	≤7	≤20
	μg/（dm²·d）	≤1.8	

4.2 饮用水要求

畜牧养殖饮用水中各项污染物不应超过表 2 所列的指标要求。

表 2 畜牧养殖饮用水各项污染物的指标要求

项目	单位	指标
色度	度	15 度，并不得呈现其他异色
浑浊度	度	3 度
臭和味	—	不得有异臭、异色

项目	单位	指标
肉眼可见物	—	不得含有
pH 值	—	6.5~8.5
氟化物	mg/L	≤1.0
氰化物	mg/L	≤0.05
总砷	mg/L	≤0.05
总汞	mg/L	≤0.001
总镉	mg/L	≤0.01
六价铬	mg/L	≤0.05
总铅	mg/L	≤0.05
细菌总数	个/mL	≤100
总大肠菌群	个/L	≤3

4.3 土壤环境质量要求

本标准将土壤按 pH 值的高低分为三种情况，即 pH 值<6.5，pH 值 6.5~7.5，pH 值>7.5。畜牧养殖基地各种不同土壤中的各项污染物含量不应超过表 3 所列的限值。

表 3 土壤中各项污染物的指标要求

项目	单位	指标		
pH 值	mg/kg	<6.5	6.5~7.5	>7.5
镉	mg/kg	≤0.30	≤0.30	≤0.40
汞	mg/kg	≤0.25	≤0.30	≤0.35
砷	mg/kg	≤25	≤20	≤20
铅	mg/kg	≤50	≤50	≤50
铬	mg/kg	≤120	≤120	≤120
铜	mg/kg	≤50	≤60	≤60

5 监测方法

5.1 空气质量监测

5.1.2 监测点位布设

执行《环境空气质量监测规范（试行）》。

5.1.2 样品采集

环境空气质量监测中的采样环境、采样高度及采样频率等要求，执行 HJ/T 193 或 HJ/T 194。

5.1.3 分析方法

按照表 4 中所列方法执行。

表 4 空气中各项污染物监测分析方法

监测项目	分析方法
总悬浮颗粒物	GB/T 15432
可吸入颗粒物	HJ 618
二氧化硫	HJ 482
	HJ 483
氮氧化物	HJ 479
氟化物	GB/T15434

5.2 饮用水质量监测

畜牧用水主要为地下水和地表水，水质监测应执行 HJ/T 164 和 HJ/T 91。

5.2.1 监测点位布设

在畜牧饮用水水井或河流采样监测。

5.2.2 样品采集

采样频率应根据牲畜饮用水相关要求确定。

5.2.3 监测分析方法

按表 5 所列方法执行。

表 5 饮用水水质监测分析方法

监测项目	分析方法
色度	GB/T 11903

监测项目	分析方法
嗅和味	原国家环境保护总局编《水和废水监测分析方法》（第四版，增补版）
浑浊度	GB 13200
肉眼可见物	目视法
pH 值	GB 6920
氟化物	HJ/T 84
氰化物	HJ 484
汞	HJ 694
砷	HJ 694
镉	GB 7475
六价铬	GB 7467
铅	GB 7475
总大肠菌群	原国家环境保护总局编《水和废水监测分析方法》（第四版，增补版）
细菌总数	原国家环境保护总局编《水和废水监测分析方法》（第四版，增补版）

5.3 土壤质量监测

5.3.1 监测点位布设
执行 HJ/T 166—2004。
5.3.2 样品采集
执行 HJ/T 166—2004。
5.3.3 监测分析方法
按表 6 所列方法执行。

表 6 土壤中污染物监测分析方法

监测项目	分析方法
pH 值	GB 6920
镉	GB/T 17141
汞	HJ 680
砷	HJ 680
铅	GB/T 17140
铬	GB/T 17137
铜	GB/T 17138

6 检验规则

各项监测过程中，相对应的监测项目，符合相应的项目指标要求时，判定为符合要求。

ICS 650.20.30
B 40

DB1505

通 辽 市 农 业 地 方 标 准

DB 1505/T 100—2014

猪肉质量安全追溯
系统技术规范

2014—05—20 发布   2014—06—10 实施

通 辽 市 质 量 技 术 监 督 局   发布

前　言

本标准由通辽市农牧业局和通辽市质量技术监督局提出。

本标准由通辽市农牧业局归口。

本标准起草单位：通辽市畜牧兽医科学研究所。

本标准主要起草人：李良臣、范铁力、郑海英、高丽娟、贾伟星、李芳萍。

猪肉质量安全追溯系统技术规范

1　范　围

本标准规定了猪肉质量追溯要求、信息采集、信息管理、编码方法、追溯标识、体系运行自查和质量安全问题处置。

本标准适用于通辽地区猪肉质量安全追溯。

2　规范性引用文件

下列文件对于本文件的应用是必不可少的。凡是注日期的引用文件，仅所注日期的版本适用于本文件。凡是不注日期的引用文件，其最新版本（包括所有的修改单）适用于本文件。

GB/T 9813 微型计算机通用规范

NY/T 1761 农产品质量追溯操作规程　通则

ISO/IEC 18000-6 信息技术-用于单品管理的射频识别（RFID）第 6 部分：频率为 860 MHz~960 MHz 的空中接口通信参数

中华人民共和国农业部第 67 号　畜禽标识和养殖档案管理办法

3　术语和定义

NY/T 1761 确立的术语和定义适用于本标准。

养殖者

生产管理相对统一的养殖户、养殖组统称养殖者。

4　要　求

4.1　追溯目标

追溯的猪肉可根据追溯码追溯到各个养殖、加工、流通环节的产品、投入品信息及相关责任主体。

4.2　机构和人员

追溯的猪肉生产企业、组织或机构应指定机构或人员负责追溯的组织、实施、监控、信息的采集、上报、核实和发布等工作。

4.3　设备和软件

追溯的猪肉生产企业、组织或机构应配备必要的计算机、网络设备、标签打印机、条码读写设备等，相关软件应满足追溯要求。

4.3.1　读写器（PDA）要求

读写器使用鉴别密钥，并使用集成的密码算法与标签完成实体识别，读写器应具有与厂商数据库的联网能力，实现与厂商数据库基于安全通道的联网通信，符合ISO/IEC 18000-6。

4.3.2　厂商数据库要求

厂商数据库应通过追溯查询服务接口与追溯公共服务平台相连，存储肉猪质量安全追溯数据要素、密钥要素和密码算法要素等，能够提供肉猪数据追溯查询结果，并通过追溯公共服务平台返回给服务使用者。

4.3.3　追溯公共服务平台要求

追溯公共服务平台应具有追溯与查询服务接口，能够关联到厂商数据库，用于向用户提供追溯查询服务，在用户独立终端参与的查询中，能够通过独立的第三方通道向用户独立终端发送查询结果。

4.3.4　计算机要求

执行 GB/T 9813。

4.3.5　软件应满足追溯要求

4.4　追溯系统组成（图1）

5　编码方法

5.1　养殖环节

5.1.1　猪个体编码

按中华人民共和国农业部令第67号规定执行。

5.1.2　养殖地编码

企业应对每个养殖地，包括养殖场、舍、圈栏等编码，并建立养殖地编码档案。其内容应至少包括地区、面积、养殖者、养殖时间、养殖数量等。

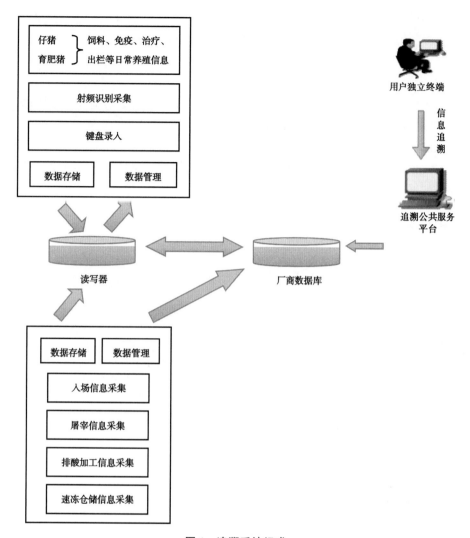

图1 追溯系统组成

5.1.3 养殖者编码

企业应对养殖者编码，并建立养殖者编码档案。其内容应至少包括姓名、承担的养殖地和养殖数量等。

5.2 加工环节

5.2.1 屠宰厂编码

应对不同屠宰厂编码，同一屠宰厂内不同流水线编为不同编码，并建立养殖场流水编码档案。其内容应至少包括检疫、屠宰环境、清洗消毒、分割等。

5.2.2 包装批次编码

应对不同批次编码，并建立包装批次编码档案。其内容应至少包括生产日期、批号、包装环境条件等。

5.3 贮运环节

5.3.1 贮藏设施编码

应对不同储存设施编码，不同贮藏地编为不同编码，并建立贮藏编码档案。其内容应至少包括位置、温度、卫生条件等。

5.3.2 运输设施编码

应对不同运输设施编码，并建立运输设施编码档案。其内容应至少包括车厢温度、运输时间、卫生条件等。

5.4 销售环节

5.4.1 入库编码

应对销售环节库房编码，并建立编码档案。其内容应包括库房号、库房温度、出入库数量和时间、卫生条件等。

5.4.2 销售编码

销售编码可用以下方法：

——企业编码的预留代码加入销售代码，成为追溯码。

——企业编码外标出销售代码。

6 信息采集

6.1 产地信息

产地代码、场名、场址、认证（有机、绿色、无公害、未认证）、养殖档案、产地环境检测。

6.2 养殖信息

6.2.1 养殖信息采集流程图（图2）

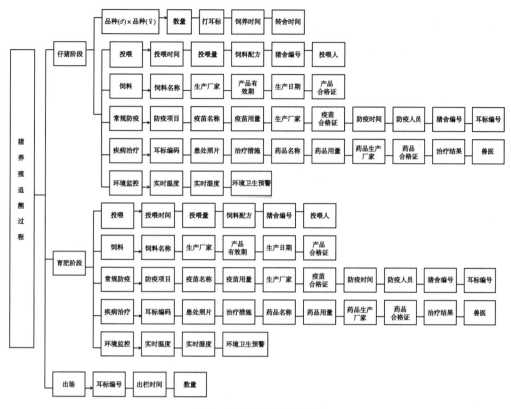

图 2　养殖信息采集流程

6.2.2　养殖信息

养殖信息采集内容见表1。

表 1　养殖信息采集内容

单　　元	内　　容
肉猪	肉猪入场前及育肥过程中的动态健康信息（加内容）
饲料	厂商、名称、商品条码、批号（或有效期）、来源、品质、数量与使用情况
饲料添加剂	厂商、名称、商品条码、批号（或有效期）、来源、品质、数量与使用情况
兽药	厂商、名称、商品条码、批号（或有效期）、来源、品质、数量与使用情况
消毒药品	厂商、名称、商品条码、批号（或有效期）、来源、品质、数量与使用情况
免疫药品	厂商、名称、商品条码、批号（或有效期）、来源、品质、数量与使用情况
养殖场人员（包括兽医、饲养员、管理员）	饲养方法与养殖环节操作信息

6.3 屠宰加工信息

6.3.1 屠宰信息采集流程（图3）

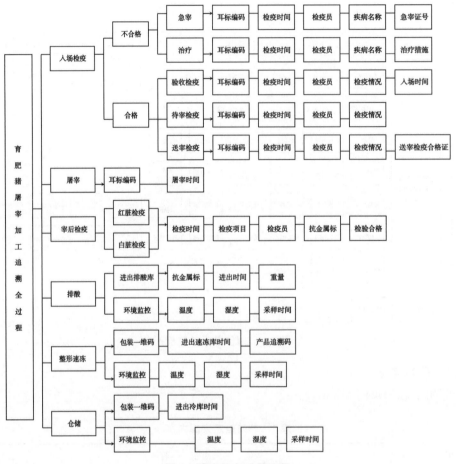

图 3 屠宰信息采集流程

6.3.2 入厂信息采集

6.3.2.1 系统通过射频标签读写器（PDA）识别肉猪，对肉猪的产地及饲养信息进行查询，存储肉猪的证件编码及其他证明材料信息，记录肉猪检疫结果、检疫日期、检疫人员信息，记录不合格肉猪的不合格原因及处理建议。

6.3.2.2 查验肉猪《检疫证》、《消毒证》、《非疫区证明》，采集肉猪射频标签信息，对肉猪的身份进行识别，将数据发回数据中心与肉猪质量安全追溯体系中肉猪养殖场子系统比对无误后，准予卸车。

6.3.2.3 检疫人员使用手持 PDA 读取肉猪射频标签，利用屠宰检疫系统进行验收检验，观察其是否具有传染病或疑似病，在对应标签信息栏中标识"有"或"无"，并做相应的处理，将信息发送至数据中心。

6.3.2.4 检疫人员使用手持 PDA 读取肉猪射频标签，在待宰猪静养区利用屠宰检疫系统进行待宰检验，进入屠宰车间之前进行送宰检验，将检验结果标识在对应信息栏中，将信息发送至数据中心。

6.3.3 屠宰信息采集

6.3.3.1 在屠宰过程中，应保持肉猪胴体与挂钩不分离，标识的唯一对应性不被破坏，屠宰过程可实施视频监控。

6.3.3.2 在去头蹄处，利用固定式阅读器读取猪头上的射频标签和挂有肉猪的两个挂钩上的射频标签，使两者之间取得关联，屠宰过程通过挂钩射频标签来识别胴体的身份。

6.3.3.3 宰后检验，使用手持 PDA 读取挂钩射频标签信息，开始检验肉猪胴体。通过屠宰检疫系统，列出常见的病体症状，检疫人员对应项中选择"有"或"无"，发送至数据中心，记录检疫结果、检疫日期、检疫人员，对于检疫不合格项目，记录不合格原因及处理建议。数据中心将结果写入对应肉猪胴体的电子档案。

6.3.3.4 屠宰检疫完成后，应记录屠宰检疫合格证信息、检验人员、检验方法、不合格肉猪的实验室检验结果等信息，为客户提供充分的肉猪屠宰环节关键控制点追溯信息的查询功能。

6.3.4 排酸信息采集

6.3.4.1 排酸加工过程，可实施视频监控。

6.3.4.2 二分体进出、入排酸库时，通过固定式阅读器读取挂钩上的射频标签，记录肉猪胴体的射频标签和入库时间，称重设备将测量值通过网络发送至数据中心。

6.4 产品贮藏信息

6.4.1 速冻车间和冷藏车间，设置温湿度测量仪，实时的监测温湿度，并将数据发送至数据中心。速冻与冷藏的全过程，可实施视频监控。

6.4.2 入速冻库时，利用条码识读设备扫描产品条码追溯码标签，记录入库时间，并将条码追溯码信息发送至数据中心。

6.4.3 出速冻库二次包装时，利用条码识读设备读取产品条码追溯码信息，记录出库时间，并将数据发送至数据中心。

6.4.4 同时打印包装箱条码追溯码标签信息发送至数据中心。整箱包装出、入冷藏库时，利用条码识读设备，读取箱体外包装条码追溯码标签，记录出、入库时间，并将信息发送至数据中心。

6.5 运输信息

运输工具、运输号、运输环境条件、运输日期、起止位置、数量等信息。

6.6　销售信息

市场流向、售前检疫、分销商、零售商、进货时间、上架时间、保存条件等信息。

6.7　产品检验信息

产品来源、检验日期、检测机构、产品标准、产品批次、检验结果等信息。

7　信息管理

7.1　信息存储

应建立信息管理制度。纸质记录应及时归档，电子记录应随时输入，每2周备份一次。所有信息档案应至少保存2年。

7.2　信息传输

上一环节操作结束时，应及时通过网络、纸质记录等以代码形式传递给下一环节，企业、组织或机构汇总诸环节信息后传输到追溯系统。

7.3　信息查询

凡经相关法律法规规定，应向社会公开的质量安全信息均应建立用于公众查询的技术平台。内容应至少包括养殖者、产品、产地、加工企业、批次、质量检验结果、产品标准等。

8　追溯标识

追溯标识编制符合 NY/T 1761 要求。

9　体系运行自查

按 NY/T 1761 执行。

10　质量安全问题处置

按 NY/T 1761 执行。

ICS 65.020.30

B 40

DB1505

通 辽 市 农 业 地 方 标 准

DB 1505/T 101—2014

猪常温精液生产技术规程

2014—05—20 发布　　　　　　　　　　2014—06—10 实施

通辽市质量技术监督局　　发布

前　言

本标准附录 A 和附录 C 为资料性附录,附录 B 和附录 D 为规范性附录。

本标准由通辽市农牧业局和通辽市质量技术监督局提出。

本标准由通辽市农牧业局归口。

本标准起草单位:通辽市畜牧兽医科学研究所。

本标准主要起草人:贾伟星、康宏昌、高丽娟、付明山、张延和、李良臣、王旭东、李芳萍。

猪常温精液生产技术规程

1 范 围

本标准规定了种用公猪要求、采精前准备、采精、精液品质检查、精液稀释、分装、保存和运输的要求。

本标准适用于通辽地区猪常温精液生产与保存。

2 规范性引用文件

下列文件对于本文件的应用是必不可少的。凡是注日期的引用文件，仅所注日期的版本适用于本文件。凡是不注日期的引用文件，其最新版本（包括所有的修改单）适用于本文件。

GB 4789.2　食品微生物学检验菌落总数测定
GB 23238　种猪常温精液
GB 27949　医疗器械消毒剂卫生要求
NY/T 65　猪饲养标准

3 术语和定义

下列术语和定义适用于本标准。

3.1 原精液

采集后未经稀释的精液。

3.2 常温精液

经稀释后 16~18℃下短期保存，具有受精能力的精液。

3.3 精子活力

在 37℃下呈直线前进运动的精子数占总精子数的百分率。

3.4 精子密度

单位容积精液中的精子数，单位为每毫升 10^8 个。

3.5 精子畸形率

畸形精子数占总精子数的百分率。

4 种用公猪要求

应具有种用性能，符合种猪品种标准。饲养应符合 NY/T 65 的要求。

5 采精前准备

5.1 处理室

检查前将室温调节到 25 ℃左右，器械符合 GB 27949 的消毒要求，将所有与精液接触的器械置 37 ℃的恒温干燥箱中恒温备用，准备染色剂；配制稀释液并置于恒温水浴锅中预热至 35 ℃。仪器用品见附录 A。

5.2 采精室

室温调节到 25 ℃左右，安静无干扰，地面防滑。

5.3 采精员准备

着洁净工作服，剪短磨光指甲，洗手消毒。

5.4 公猪的准备

确保公猪体表清洁，挤除包皮内积尿、包皮垢。包皮周围皮肤可用 0.1%高锰酸钾溶液或生理盐水清洗，再用温水擦洗、抹干。

6 采 精

采精时，一只手戴双层无菌塑料手套，按摸公猪包皮部，待公猪爬跨假猪台并伸出阴茎，脱去外层手套，握紧龟头，使其不能旋转，顺势将阴茎的 "S" 状弯曲延直。另一只手持集精杯接取精液，弃去最初射出的少量精液（约 5 mL），收集精液至射精完毕。成年公猪每周采精 2~3 次，青年公猪每周采精 1~2 次。

7 精液品质检查

原精液品质应符合表1的规定。

表1 原精液品质

项 目	指 标
外观	色泽为乳白色或灰白色，无杂质
气味	略有腥味，无异味
采精量（mL）	≥100
pH 值	6.8~7.2
精子活力（%）	≥70
精子密度（10^8个/mL）	≥$1×10^8$
精子畸形率（%）	≤18%
细菌菌落数（CFU/mL）	≤$1×10^3$

8 检测方法

执行 GB 23238。

9 细菌菌落数

执行 GB 4789.2。每两个月抽检一次。

10 记 录

填写公猪档案、精液品质检测登记表，登记表见附录 B。

11 精液稀释

11.1 质量和用时

原精液达到本标准第7节的要求，应在 20 min 内稀释完毕。

11.2 稀释液配制

11.2.1 所用试剂应为分析纯，用双重蒸馏水溶解。配方参见附录 C。

11.2.2 商品稀释剂按说明书使用。不得使用过期或变色稀释剂。

11.2.3 自配稀释液配制后应及时加入抗生素，稀释液 pH 值 6.4~7.2。

11.2.4 使用前 1h 配制，配制后应及时贴上标签，标明品名、配制日期和时间、经手人。

11.2.5 剩余稀释液应密封后置于冰箱中冷藏（0~4 ℃），时间不超过 24 h。

11.3 稀 释

11.3.1 要 求

根据原精密度计算稀释倍数，确保稀释后每份输精剂量精液含直线运动精子数 $\geqslant 25 \times 10^8$ 个（地方品种 $\geqslant 10 \times 10^8$ 个）。直线运动精子数 = 每份剂量×密度×活力。

11.3.2 方 法

调节稀释液温度与原精液温度一致（±1 ℃）。稀释时将稀释液沿瓶（杯）壁缓慢加入原精液中，缓慢混合，放置 10min 左右。

稀释后精液经检查活力 $\geqslant 70\%$，畸形率 $\leqslant 18\%$，再分装。

12 精液分装

12.1 剂 量

按每份剂量 80~100 mL 分装。

12.2 标 识

应在精液瓶（袋）上贴上标签，标明产品名称、剂量、生产单位、生产日期、批号、品种或品系、耳号、贮存温度和贮存时间等信息。

13 精液保存

13.1 常温精液平放于 17 ℃（±1 ℃）的恒温箱内保存。

13.2 保存的精液每隔 12 h 缓慢摇动 1 次。

13.3 每批精液应留样备查。同批号的精液在保存期内应抽样检查并记录，公猪常温精液保存登记表见附录 D。

14 精液运输

置于 17 ℃（±1 ℃）的恒温箱内保存，运输过程中避免强烈震动和碰撞。

附录 A

(资料性附录)
精液处理室配备仪器和用品

表 A.1 精液处理室配置仪器和用品

名称	规格（技术参数）	用途
电子秤	3 000 g/lg，6 000 g/2g	称量精液、稀释液
显微镜	40~1 600 x	观测精子数、活力和畸形率
显微镜恒温板	室温至 50 ℃（可调），工作温差：≤0.5 ℃	载玻片、盖玻片恒温预热
精子密度仪	50~1 400 mill/mL	测定精子密度（任选）
可见光分光光度计	波长范围 350~820 nm，带宽 < ±5 nm	测定精子密度（任选）
pH 计	测量范围 0.0~14.0，精度±0.1	测定精液、稀释液的 pH 值
精液保存箱	17±1 ℃	保存精液
干燥箱	室温+5~250 ℃，波动度 < ±2 ℃	预热器皿和消毒用品
培养箱	室温+5~60 ℃	细菌培养
电子天平	200 g/0.01 g	称量化学试剂（选用）
恒温水浴锅	双孔或四孔	等温精液与稀释液
恒温磁力搅拌器	0~99 ℃，容量 < 500 mL	稀释液搅拌、加热
双重蒸馏水器	2 000~2 500 mL	制作双重蒸馏水
血球计数板	25×16	测定精子密度
计数器	0~999	精子计数
微量移液器	100~200 μL	精液取样或稀释
微量移液器	100~1 000 μL 精液取样或稀释	精液取样或稀释
量筒	1 000 mL±5 mL	量取液体
三角瓶	1 000 mL	配置稀释液
放水瓶	5 L	盛放双重蒸馏水
烧杯	1 000 mL、2 000 mL	精液稀释
热封口机	—	袋装精液封口
分装架	—	分装精液
分装管	—	分装精液

名称	规格（技术参数）	用途
培养皿	—	细菌培养
载玻片	—	精子活力的测定
盖玻片	—	精子活力的测定
擦镜纸	—	擦拭显微镜镜头
移液枪吸嘴	200 μL	精液取样或稀释
稀释粉	—	配置精液稀释液
精液带、瓶或管	—	分装及保存精液
温度计	0~60 ℃	测量精液、稀释液等温度
玻璃棒	—	稀释液配置或精液稀释
标签纸	—	精液、稀释液标签

附录 B
（规范性附录）
公猪精液品质监测登记表

表 B.1 公猪精液品质监测登记表

采精日期	采精时间	品种	耳号	采精员	外观	气味	采精量（mL）	精子活力（%）	精子密度（10^8个/mL）	精子畸形率（%）	细菌菌落数（CFU/mL）	稀释液		稀释后精子活力（%）	头份数	质检员	备注
												品名	总量（mL）				

附录 C

（资料性附录）

常见几种公猪精液稀释液配方

表 C.1 常见几种公猪精液稀释液配方

成分	配方一	配方二	配方三	配方四
保存时间，d	3	3	5	5
D-葡萄糖（g/L）	37.15	60.00	11.50	11.50
柠檬酸三钠（g/L）	6.00	3.70	11.65	11.65
EDTA 钠盐（g/L）	1.25	3.70	2.35	2.35
碳酸氢钠（g/L）	1.25	1.20	1.75	1.75
氯化钾（g/L）	0.75	—	—	0.75
青霉素钠（g/L）	0.06	0.05	0.60	—
硫酸链霉素（g/L）	1.00	0.05	1.00	0.50
聚乙烯醇（PLP，Type Ⅱ）（g/L）	—	—	1.00	1.00
三羟甲基氨基甲烷（Tris）（g/L）	—	—	5.50	5.50
柠檬酸（g/L）	—	—	4.10	4.10
半胱氨酸（g/L）	—	—	0.07	0.07
海藻糖（g/L）	—	—	—	1.00
林肯霉素（g/L）	—	—	—	1.00

附录 D
（规范性附录）
公猪常温精液保存登记表

表 D.1 公猪常温精液保存登记表

耳号	生产单位	生产日期	品种	稀释头份数	其中每头份		剂量（mL）	保存期（d）	保存第一天		保存第二天		保存第三天		出厂前	质检员	备注
					精子数（10⁸个）	精子畸形率（%）			精子活力（%）	摇动时间	精子活力（%）	摇动时间	精子活力（%）	摇动时间	精子活力（%）		

ICS　65.020.30

B　46

DB1505

通　辽　市　农　业　地　方　标　准

DB 1505/T 102—2014

猪用饲料质量安全要求

2014—05—20发布　　　　　　　　2014—06—10实施

通辽市质量技术监督局　　　发布

前　言

本标准由通辽市农牧业局和通辽市质量技术监督局提出。

本标准由通辽市农牧业局归口。

本标准起草单位：通辽市畜牧兽医科学研究所。

本标准主要起草人：高丽娟、郭煜、于明、李良臣、斯日古楞、贾伟星、郑海英。

猪用饲料质量安全要求

1 范　围

本标准规定了猪用饲料产品质量安全的要求、检测方法、检测规则、标签、包装、运输和贮存。

本标准适用于通辽地区生产、销售和使用的猪用饲料产品。

2 规范性引用文件

下列文件对于本文件的应用是必不可少的。凡是注日期的引用文件，仅所注日期的版本适用于本文件。凡是不注日期的引用文件，其最新版本（包括所有的修改单）适用于本文件。

GB/T 8381.7　饲料中喹乙醇的测定　高效液相色谱法

GB 10648　饲料标签

GB 13078　饲料卫生标准

GB/T 13079　饲料中总砷的测定方法

GB/T 13080　饲料中铅的测定　原子吸收光谱法

GB/T 13081　饲料中汞的测定方法

GB/T 13082　饲料中镉的测定方法

GB/T 13083　饲料中氟的测定　离子选择性电极法

GB/T 13084　饲料中氰化物的测定方法

GB/T 13085　饲料中亚硝酸盐的测定方法

GB/T 13086　饲料中游离棉酚的测定方法

GB/T 13087　饲料中异硫氰酸酯的测定方法

GB/T 13088　饲料中铬的测定方法

GB/T 13090　饲料中六六六、滴滴涕的测定方法

GB/T 13091　饲料中沙门氏菌的检测方法

GB/T 13092　饲料中霉菌的检验方法

GB/T 13883　饲料中硒的测定方法 2，3-二氨基萘荧光法

GB/T 13885　动物饲料中钙、铜、铁、镁、锰、钾、钠和锌含量的测定　原子吸收光谱法

GB/T 14699.1　饲料　采样

GB/T 17480　饲料中黄曲霉毒素 B_1 的测定　酶联免疫吸附法

GB/T 18823　饲料检测结果判定的允许误差

GB/T 19684　饲料中金霉素的测定　高效液相色谱法

GB/T 19542　饲料中磺胺二甲基嘧啶和磺胺间甲氧嘧啶的测定　高效液相色谱法

GB/T 20189　饲料中莱克多巴胺的测定　高效液相色谱法

NY 438　饲料中盐酸克伦特罗的测定方法

NY/T 727　饲料中呋喃唑酮的测定　高效液相色谱法

NY/T 934　饲料甲地西泮的测定　高效液相色谱法

NY/T 1372　饲料中三聚氰胺的测定方法

农牧发 1997 年 9 号　饲料中土霉素的测定

中华人民共和国农业部第 168 号公告　饲料药物添加剂使用规范

中华人民共和国农业部第 176 号公告　禁止在饲料和动物饮水中使用的药品目录

中华人民共和国农业部第 193 号公告　食品动物禁用的兽药及其化合物清单

中华人民共和国农业部第 2045 号公告　饲料添加剂品种目录

中华人民共和国农业部第 1224 号公告　饲料添加剂安全使用规范

中华人民共和国农业部第 1218 号公告　规定饲料原料和饲料产品中三聚氰胺限量值

3　要　求

3.1　饲料原料质量应符合国家相关标准的规定。

3.2　饲料添加剂产品应是获得农业部颁发的饲料添加剂生产许可证的企业生产，并取得产品批准文号的产品。

3.3　饲料卫生应符合 GB 13078 的规定。

3.4　营养性饲料添加剂和非营养性饲料添加剂应是中华人民共和国农业部公告第 2045 号所列的品种。

3.5　饲料添加剂使用应符合中华人民共和国农业部公告 1224 号要求。禁止在饲料中添加中华人民共和国农业部公告第 176 号和中华人民共和国农业部公告第 193 号所列的药物。

3.6　饲料药物添加剂应是中华人民共和国农业部公告第 168 号规定的品种，禁止超范围使用饲料药物添加剂，凡使用了饲料药物添加剂的，必须注明休药期。

3.7　饲料原料和饲料产品中三聚氰胺应是中华人民共和国农业部公告 1218 号规定的限量值。

3.8　卫生安全指标及检测方法见表 1。

表 1　猪用饲料卫生安全指标

项　目	产品名称	指　标
砷（以总砷计）（mg/kg）	配合饲料	≤2.0
	浓缩饲料	≤10.0
	添加剂预混料	≤10.0
铅（以 Pb 计）（mg/kg）	配合饲料	≤5
	浓缩饲料	≤13
	添加剂预混料	≤40
氟（以 F 计）（mg/kg）	配合饲料	≤100
	浓缩饲料	按添加比例折算后与配合饲料规定值相同
	添加剂预混料	≤1 000
铬（以 Cr 计）（mg/kg）	配合饲料	≤0.2
汞（以 Hg 计）（mg/kg）	配合饲料	≤0.1
镉（以 Cd 计）（mg/kg）	配合饲料	≤0.5
硒（以 Se 计）（mg/kg）	配合饲料	≤0.5
锌（以 Zn 计）（mg/kg）	体重 30 kg 以上猪、种猪配合饲料	≤150
	浓缩饲料、添加剂预混料	按添加剂比例折算后与配合饲料规定值相同
铜（以 Cu 计）（mg/kg）	体重 30 kg 以下生长肥料育猪配合饲料	≤200
	体重 30～60 kg 生长肥育猪配合饲料	≤150
	体重 60 kg 以上生长肥育猪、种猪配合饲料	≤35
	浓缩饲料、添加剂预混料	按添加剂比例折算后与配合饲料规定值相同
霉菌，霉菌个数（个/kg）	配合饲料、浓缩饲料	$<45 \times 10^6$
黄曲霉毒素 B_1（μg/kg）	仔猪配合饲料及浓缩饲料	≤10
	生长肥育猪、种猪配合饲料及浓缩饲料	≤20
氰化物（以 HCN 计）（mg/kg）	配合饲料	≤50
亚硝酸盐（以 $NaNO_2$ 计）（mg/kg）	配合饲料	≤15

项　目	产品名称	指　标
游离棉酚（mg/kg）	配合饲料	≤60
异硫氰酸酯（以丙烯基异硫氰酸酯计）（mg/kg）	配合饲料	≤500
六六六（mg/kg）	配合饲料	≤0.4
滴滴涕（mg/kg）	配合饲料	≤0.2
三聚氰胺（mg/kg）	配合饲料	≤2.5
喹乙醇（mg/kg）	配合饲料	35 kg以下：≤100 35 kg以上：不得检出
金霉素（mg/kg）	配合饲料	4月龄前：≤75 4月龄后：不得检出
土霉素（mg/kg）	配合饲料	4月龄前：≤50 4月龄后：不得检出
磺胺类（mg/kg）	配合饲料	≤100
呋喃唑酮	配合饲料	不得检出
盐酸克轮特罗	饲料	不得检出
莱克多巴胺	饲料	不得检出
地西泮	饲料	不得检出
沙门氏菌	饲料	不得检出

4　检测方法

4.1　砷

执行 GB/T 13079。

4.2　铅

执行 GB/T 13080。

4.3　氟

执行 GB/T 13083。

4.4　铬

执行 GB/T 13088。

4.5　汞

执行 GB/T 13081。

4.6　镉

执行 GB/T 13082。

4.7　硒

执行 GB/T 13883。

4.8　锌、铜

执行 GB/T 13885。

4.9　霉　菌

执行 GB/T 13092。

4.10　黄曲霉毒素 B_1

执行 GB/T 17480。

4.11　氰化物

执行 GB/T 13084。

4.12　亚硝酸盐

执行 GB/T 13085。

4.13　游离棉酚

执行 GB/T 13086。

4.14　异硫氰酸酯

执行 GB/T 13087。

4.15 六六六、滴滴涕

执行 GB/T 13090。

4.16 喹乙醇

执行 GB/T 8381.7。

4.17 金霉素

执行 GB/T 19684。

4.18 土霉素

农牧发 1997 年 9 号。

4.19 三聚氰胺

执行 NY/T 1372。

4.20 磺胺类

执行 GB/T 19542。

4.21 盐酸克伦特罗

执行 NY 438。

4.22 莱克多巴胺

执行 GB/T 20189。

4.23 呋喃唑酮

执行 NY/T 727。

4.24 地西泮

执行 NY/T 934。

4.25 沙门氏菌

执行 GB/T 13091。

5 检验规则

5.1 抽样方法

执行 GB/T 14699.1。

5.2 判定规则

5.2.1 各项检验指标允许误差，执行 GB/T 18823。

5.2.2 检验结果有不合格项，则判定该批产品不合格。

6 标签、包装、运输和贮存

6.1 标 签

执行 GB 10648。

6.2 包 装

包装材料应无毒、无害。

6.3 运 输

严禁与有毒有害物品混装、混运。

6.4 贮 存

不得与有毒有害物品混贮。

ICS 65.020.30
B 41

DB1505

通 辽 市 农 业 地 方 标 准

DB 1505/T 103—2014

育肥猪用药准则

2014—05—20 发布   2014—06—30 实施

通 辽 市 质 量 技 术 监 督 局   发布

前　言

本标准中的附录 A、附录 B 均为规范性附录。

本标准由通辽市农牧业局和通辽市质量技术监督局提出。

本标准由通辽市农牧业局归口。

本标准起草单位：通辽市畜牧兽医科学研究所。

本标准主要起草人：李芳萍、张延和、萨日娜、高丽娟、李良臣、贾伟星、付明山。

育肥猪用药准则

1 范　围

本标准规定了育肥猪的用药要求，使用记录和不良反应报告。

本标准适用通辽地区育肥猪养殖小区、规模化养殖场、养殖户的兽药使用。

2 规范性引用文件

下列文件对于本文件的应用是必不可少的。凡是注日期的引用文件，仅所注日期的版本适用于本文件。凡是不注日期的引用文件，其最新版本（包括所有的修改单）适用于本文件。

中华人民共和国动物防疫法

兽药管理条例

中华人民共和国农业部公告 235 号　动物性食品中兽药最高残留限量

中华人民共和国农业部公告 278 号　兽药停药期规定

3 术语和定义

下列术语和定义适用于本标准。

3.1 兽　药

用于预防、治疗、诊断动物疾病或者有目的地调节其生理机能的物质（含药物饲料添加剂），主要包括：血清制品、疫苗、诊断制品、微生态制品、中药材、中成药、化学药品；抗生素、生化药品、放射性药品及外用杀虫剂、消毒剂等。

3.2 兽用处方药

凭执业兽医师处方购买和使用的兽药。

3.3 兽用非处方药

由国务院兽医行政管理部门公布的、不需要凭执业兽医师处方就可以自行购买并按照说明书使用的兽药。

3.4 休药期（停药期）

食品动物从停止给药到许可屠宰或其产品（肉、乳、蛋）许可上市的间隔时间。

3.5 最高残留限量（MRS）

对食品动物用药后产生的允许存在于食物表面或内部的该兽药（或代谢产物）残留的最高含量或最高浓度（以鲜重计，表示为 μg/kg）。

4 兽药使用要求

4.1 基本原则

4.1.1 执业兽医师和养殖者应遵守《兽药管理条例》的相关规定使用兽药，应凭执业兽医师开具的处方，使用经国务院兽医行政管理部门规定的兽用处方药。禁止使用国务院兽医行政管理部门规定的禁用药品。

4.1.2 执业兽医师和养殖者进行预防、治疗和诊断疾病所用的兽药应来自具有《兽药生产许可证》，并获得农业部颁发《中华人民共和国兽药 GMP 证书》的兽药生产企业，或是农业部批准注册进口的兽药，其质量均应符合相关的兽药国家质量标准。

4.1.3 禁止使用未经国务院兽医行政管理部门批准作为兽药使用的药物。

4.1.4 执业兽医师应严格按《中华人民共和国动物防疫法》的规定进行免疫，防止发病和死亡。

4.2 允许使用的兽药

4.2.1 允许使用无 MRS 要求或无停药期要求或停药期短的兽药。使用中应注意以下几点：

a）应遵守规定的作用与用途、使用对象、使用用途、使用剂量、疗程和注意事项。

b）最终残留应符合中华人民共和国农业部公告 235 号的规定。

c）严格执行停药期（详见《兽药停药期规定》）。

4.2.2 执业兽医师应慎用经农业部批准的拟肾上腺素药、平喘药、抗胆碱药与拟胆碱药、糖肾上腺皮质激素类药和解热镇痛药。使用上述药物时，应严格按国务院兽医行政管理部门规定的作用用途和用法用量使用。

4.2.3 允许使用附录 B 中的消毒剂。

4.3 禁止使用的兽药

4.3.1 禁止使用附录 A 中的兽药。

4.3.2 禁止使用基因工程方法生产的兽药（国家强制免疫的疫苗除外）。

4.3.3 禁止使用饲料药物添加剂。

4.3.4 禁止为了促进畜禽生长而使用抗生素、抗寄生虫药、激素或其他生长促进剂。

4.3.5 非临床医疗需要，禁止使用麻醉药、镇痛药、镇静药、中枢兴奋药、化学保定药及骨骼肌松弛药。必须使用该类药物时，应凭执业兽医师开具的处方用药。

5 兽药使用记录

5.1 执业兽医师和养殖者使用兽药，应认真做好用药记录。用药记录应包括：用药的名称（商品名和通用名）、剂型、剂量、给药途径、疗程，药物的生产企业、产品的批准文号、生产日期、批号等。使用兽药的单位或个人均应建立用药记录档案，并保存 2 年以上。

5.2 执业兽医师和养殖者应严格执行国务院兽医行政管理部门规定的兽药休药期，并向购买者或屠宰者提供准确、真实的用药记录。

6 兽药不良反应报告

执业兽医师和饲养者使用兽药，应对兽药的治疗效果、不良反应做观察记录；发生动物死亡时，分析死亡原因。发现可能与兽药使用有关的严重不良反应时，应当立即向所在地人民政府兽医行政管理部门报告。

附录 A

（规范性附录）
生产 A 级绿色食品禁止使用的兽药

表 A.1　生产 A 级绿色食品禁止使用的兽药

序号	种类		兽药名称	禁止用途
1	β-兴奋剂类		克伦特罗（Clenbuterd）、沙丁胺醇（Salbutamol）、莱克多巴胺（Ractopamine）、西马特罗（Cimaterol）及其盐、酯及制剂。	所有用途
2	激素类	性激素类	乙烯雌酚（Diethylstilbestrol）、己烷雌酚（Hexestrol）及其盐、酯及制剂。	所有用途
			甲基睾丸酮（Methyltestosterone）、丙酸睾酮（Testosterone Propionate）、苯丙酸诺龙（Nandrolone Phenylpropionate）、苯甲酸雌二醇（Estradiol Benzoate）及其盐、酯及制剂。	促生长
		具有雌激素样作用的物质	玉米赤霉醇（Zeranol）、去甲雄三烯醇酮（Tnenbolone）、醋酸甲孕酮（Mengestrol Acetate）及制剂。	所有用途
3	催眠、镇静类		安眠酮（Methaqualone）及制剂。	
			氯丙嗪（Chlorpromazine）、地西泮（安定、Diazepam）及其盐、酯及制剂。	促生长
4	抗生素类	氨苯砜	氨苯砜（Dapsone）及制剂。	所有用途
		氯霉素等	氯霉素（Chloramphenicol）及其盐、酯［包括：琥珀氯霉素（Chloramphenicol Succinate）］及制剂。	所有用途
		硝基呋喃类	呋喃唑酮（Furazolidone）、呋喃西林（Furacillin）、呋喃妥因（Nitrofuran-toin）、呋喃它酮（Furaltadone）、呋喃苯烯酸钠（Nifurstyrenate Sodiurn）及制剂。	所有用途
		硝基化合物	硝基酚钠（Sodium Nitrophenolate）、硝呋烯腙（Nitrovin）及制剂。	所有用途
		磺胺类及其增效剂	磺胺噻唑（Sulfathiazole）、磺胺嘧啶（Sulfadiazine）、磺胺二甲嘧啶（Sulfadimidine）、磺胺甲噁唑（Sulfamethox-azole）、磺胺对甲氧嘧啶（Sulfamethoxy-diazine）、磺胺间甲氧嘧啶（Sulfamonomethoxine）、磺胺地索辛（Sulfa-dimehhoxine）、磺胺喹噁啉（Sulfaquinoxaline）、三甲氧苄氨嘧啶（Trimethoprim）及其盐和制剂。	所有用途
		喹诺酮类	诺氟沙星（Norfloxacin）、环丙沙星（Ciprofloxacin）、氧氟沙星（Ofloxacin）、培氟沙星（Pefloxacin）、洛美沙星（Lomefloxacin）及其盐和制剂。	所有用途
		奎噁啉类	卡巴氧（Carbadox）、喹乙醇（Olaquindox）及制剂。	所有用途
		抗生素滤渣	抗生素滤渣。	所有用途

序号	种类		兽药名称	禁止用途
5	抗寄生虫类	苯丙咪唑类	噻苯咪唑（Thiabendazole）、丙硫苯咪唑（Albendazole）、甲苯咪唑（Meben-dazole）、硫苯咪唑（Fenbendazole）、磺苯咪唑（OFZ）、丁苯咪唑（Parbendazole）、丙氧苯咪唑（Oxibendazole）、丙噻苯咪唑（CBZ）及制剂。	所有用途
		抗球虫类	二氯二甲吡啶酚（Clopidol）、氨丙啉（Amprolini）、氯苯胍（Robenidine）及其盐和制剂。	所有用途
		硝基咪唑类	甲硝唑（Metronidazole）、地美硝唑（Dimetronidazole）及其盐、酯及制剂等。	促生长
		氨基甲酸酯类	甲萘威（Carbaryl）、呋喃丹（克百威，Carbofuran）及制剂。	杀虫剂
		有机氯杀虫剂	六六六（BHC）、滴滴涕（DDT）、林丹（丙体六六六）（Lindane）、毒杀芬（氯化烯，Camahechlor）及制剂。	杀虫剂
		有机磷杀虫剂	敌百虫（Trichlorfon）、敌敌畏（Dichlorvos）、皮蝇磷（Fenchlorphos）、氧硫磷（Oxinothiophos）、二嗪农（Diazinon）、倍硫磷（Fenthion）、毒死蜱（Chlorpy-rifos）、蝇毒磷（Coumaphos）、马拉硫磷（Malathion）及制剂。	杀虫剂
		其他杀虫剂	杀虫脒（克死螨，Chlordimeform）、双甲脒（Amitraz）、酒石酸锑钾（Antimony Potassium Tartrate）、锥虫甲胺（Tryparsamide）、孔雀石绿（Malachite green）、五氯酚酸钠（Pentachlorophenol Sodium）、氯化亚汞（甘汞，Calomel）、硝酸亚汞（Mercurous Nitrate）、醋酸汞（Mercurous Acetate）、吡啶基醋酸汞（Pyridyl Mercurous Acetate）。	杀虫剂

附录 B
(规范性附录)
动物养殖允许使用的清洁剂和消毒剂

表 B.1 动物养殖允许使用的清洁剂和消毒剂

名称	使用条件
钾皂和钠皂	
水和蒸汽	
石灰水（氢氧化钙溶液）	
石灰（氧化钙）	
生石灰（氢氧化钙）	
次氯酸钠	用于消毒设施和设备
次氯酸钙	用于消毒设施和设备
二氧化氯	用于消毒设施和设备
高锰酸钾	可使用 0.1% 高锰酸钾溶液，以免腐蚀性过强
氢氧化钠	
氢氧化钾	
过氧化氢	仅限食品级，用作外部消毒剂。可作为消毒剂添加到家畜的饮水中
植物源制剂	
柠檬酸	
过乙酸	
蚁酸	
乳酸	
草酸	
异丙醇	
乙酸	
酒精	供消毒和杀菌用
碘（如碘酒）	作为清洁剂，应用热水冲洗；仅限非元素碘，体积百分含量不超过 5%
硝酸	用于设备清洁，不应与有机管理的畜禽或者土地接触
磷酸	用于设备清洁，不应与有机管理的畜禽或者土地接触

名称	使用条件
甲醛	用于消毒设施和设备
用于乳头清洁和消毒的产品	符合相关国家标准
磷酸钠	
季铵盐类	符合相关国家标准

ICS 65.020.30
B 40

DB1505

通 辽 市 农 业 地 方 标 准

DB 1505/T 104—2014

瘦肉型种猪饲养管理技术规程

2014—05—20 发布   2014—06—10 实施

通 辽 市 质 量 技 术 监 督 局   发布

前　言

本标准由通辽市农牧业局和通辽市质量技术监督局提出。

本标准由通辽市农牧业局归口。

本标准起草单位：通辽市畜牧兽医科学研究所。

本标准主要起草人：郑海英、李芳萍、高丽娟、刘哲迁、贾伟星、李良臣、包明亮。

瘦肉型种猪饲养管理技术规程

1 范 围

本标准规定了瘦肉型种猪的饮水、饲料、猪舍环境、饲养管理、疫病防制、卫生消毒技术要求。

本标准适用于通辽地区瘦肉型种猪、瘦肉型配套系种猪的养殖场。

2 规范性引用文件

下列文件对于本文件的应用是必不可少的。凡是注日期的引用文件，仅所注日期的版本适用于本文件。凡是不注日期的引用文件，其最新版本（包括所有的修改单）适用于本文件。

GB 5749 生活饮用水卫生标准

GB/T 17823 集约化猪场防疫基本要求

NY/T 636 猪人工受精技术规程

NY 5030 无公害食品 畜禽饲养兽药使用准则

DB 1505/T 108 种猪场技术规范

DB 1505/T 110 规模化猪场卫生消毒技术规程

3 术语和定义

下列术语和定义适用于本标准。

全进全出制

同一批次猪同时进、出同一猪舍单元的饲养管理制度。

4 饮 水

水质符合 GB 5749 规定，水量充足。

5 饲料、猪舍环境

符合 DB 1505/T 108 要求。

6 饲养管理

6.1 哺乳仔猪的饲养管理

6.1.1 仔猪初生后，立即用手掏出口鼻黏液，用干净的干抹布擦干身上的黏液。

6.1.2 仔猪初生后，称重、剪犬齿、断尾、打耳号。

6.1.3 立即让仔猪吃足初乳，把体重大的仔猪调整到后边乳头，弱小的仔猪放在前边乳头吮乳，乳头固定使用。对于不吃乳的仔猪，给予人工辅助。

6.1.4 哺乳仔猪在分娩栏饲养，保温箱内铺电热板。

6.1.5 生后3天内肌肉注射铁制剂，间隔2周补注一次。

6.1.6 母猪产仔过多或泌乳量少时，本着寄强不寄弱的原则，将仔猪寄养给同日或迟1~2 d分娩的母猪。

6.1.7 仔猪出生后5~7 d开始诱食哺乳仔猪料，保持料槽清洁，饲料新鲜，勤添少添，晚间要补添一次。每天补料次数为4~5次。

6.1.8 假死仔猪急救采用以下方法：

a）先将仔猪口、鼻及身上的黏液掏出、擦净，然后将猪头朝下倒提，使黏液流出，用手连续拍打仔猪背部，直到发出叫声

b）将仔猪四肢朝上，一手托肩部，另一手托臀部，一伸一屈反复压迫和舒张胸部，进行人工辅助呼吸，直到发出叫声。

6.2 断奶仔猪的饲养管理

6.2.1 仔猪28日龄断奶。断奶后仔猪留原圈喂原饲料7 d，前2~3 d少量多次投料，控制给料量。

6.2.2 断奶仔猪经过7 d的过渡期管理后，将仔猪转到保育舍网床饲养。按窝转群，每窝中弱小仔猪分在同一栏。同时在5d内逐渐将哺乳仔猪料更换成断奶仔猪料。通过诱导或轰赶仔猪到栏内排泄区排便，使断奶仔猪养成定点采食、定点排粪尿、定点睡卧的习惯。

6.2.3 保证饲槽洁净，饲槽内饲料新鲜。

6.2.4 检查仔猪体况，发育不良、伤残仔猪及时挑出，单独饲养管理。

6.3 育成猪的饲养管理

6.3.1 自由采食育成猪料。

6.3.2 宜原窝转群，地面平养。

6.3.3 防寒保暖，加强通风。

6.4 后备猪的饲养管理

6.4.1 后备母猪 4 月龄（体重 60 kg）前自由采食。体重达 60 kg 以后进入后备猪阶段应实行限饲。体重 60~90 kg，日喂料量为体重的 2.5%~3.0%；90 kg 以上，日喂料量为体重 2.0%~2.5%。第二次发情后至下一次配种前 10~14 d，实行短期优饲，日喂料量每天 3.5~4.0 kg。

6.4.2 60 kg 后按性别和体重分成 4~6 头为一栏饲养。后备公猪性成熟后，单圈饲养，驱赶运动每天 1 h 以上。

6.4.3 后备公猪在 8 月龄进行采精调教。

6.4.4 后备母猪第一次发情时间约 6 月龄（体重 90 kg 左右）；初配时间约 7~8 月龄（体重 120~130 kg）。后备公猪初配月龄为 9~10 月龄（体重 120~150 kg）。

6.4.5 后备母猪适时配种时间在允许公猪爬跨后 12~18 h，隔 12~24 h 复配一次。

6.5 种公猪的饲养管理

6.5.1 每日喂 2 次全价日粮，上午 8：00，下午 16：00，日喂量 2.5~3.0 kg，配种期每天加喂 1 枚鸡蛋。

6.5.2 种公猪单栏饲养，每头公猪占地面积 9~12 m²。夏季应注意防暑降温。

6.5.3 种公猪每天运动 1~2 h，夏季应在早、晚凉爽时，冬天应在午后气温较高时。配种任务繁重时可适当减少运动量或暂停运动，非配种期和配种准备期要加强运动。

6.5.4 经常刷拭猪体。

6.5.5 严禁粗暴对待公猪。

6.5.6 9~12 月龄公猪每周采精 1~2 次，12 月龄以上公猪每周采精 2~3 次。采精时间，一般在采食后 1.5 h 或采食前 2 h。

6.5.7 每次采精后应检查精液品质。

6.5.8 按照选配计划进行配种，避免错配、漏配。

6.5.9 做好配种记录。

6.6 种母猪的饲养管理

6.6.1 配种前

6.6.1.1 后备母猪配种前短期优饲。

6.6.1.2 经产母猪配种前的饲养根据母猪体况而定，断奶时过肥的母猪，减少饲料日喂量，不超过 2.0 kg/d。断奶时体况过瘦的母猪，增加饲料喂量，使母猪恢复膘情，推迟一个情期配种。

6.6.6.1.3 母猪断奶后一般 4~7 d 发情配种。

6.6.6.1.4 每天观察发情并作好记录，做到适时配种。

6.6.2 配种

执行 NY/T 636。

6.6.3 妊娠期

6.6.3.1 妊娠母猪日喂全价料 2 次，更换饲料要有 3~5 d 过渡期。日喂料量及注意事项见表 1。

表 1 妊娠母猪日喂料量及注意事项

阶段	日喂料量	注意事项
妊娠前期（1~21 d）	1.8~2.1 kg	猪舍环境应安静舒适，少运动，多休息，防止流产
妊娠中期（22~86 d）	2.1~2.4 kg	妊娠中期可适当运动
妊娠后期（87~107 d）	2.5~3.5 kg	妊娠后期减少运动，经常按摩乳房
产前一周	2.3~2.4 kg	妊娠后期减少运动，经常按摩乳房

6.6.3.2 防止母猪便秘。

6.6.3.3 不要驱赶或恫吓母猪，严禁鞭打和突然惊扰。

6.6.3.4 夏季注意防暑，冬季注意保温。

6.6.3.5 注意观察母猪表现，出现异常，及时处理。

6.6.4 分娩前后

6.6.4.1 待产母猪进入产房之前，对产房进行清扫、冲洗和消毒，检修产床、自动饮水器和仔猪保温设备等设施，准备好接产用具。

6.6.4.2 产前一周将母猪转入产房，进入产房前用温热的肥皂水清洗。分娩当天，用消毒液清洗乳房、后躯。

6.6.4.3 母猪分娩时，有专人护理，难产母猪人工助产。

6.6.4.4 产仔当天，母猪停料，只给予充足的饮水，冬季应给予温水。

6.6.4.5 产后观察母猪产奶、进食、体温、阴道分泌物、精神状态和乳房变化情况，发现问题立即处理。

6.6.5 泌乳期

6.6.5.1 产后第一天给 1.0~1.5 kg 饲料，以后逐渐增加，7 d 后自由采食。

6.6.5.2 日喂 4 次，时间为每天的 6 时、10 时、14 时和 22 时。

6.6.5.3 泌乳不足的母猪，提高日粮中的粗蛋白质和能量含量，加催乳剂等方法人工催乳。

6.6.5.4 保证舍内空气新鲜、环境安静、清洁干燥、温暖舒适。

6.6.5.5 经常检查母猪乳房，如有损伤，及时治疗。

6.6.5.6 仔猪断奶前三天，哺乳母猪应逐渐减少饲料喂量。

7 疫病防制

按 GB 17823 和 NY 5030 的相关规定执行。

8 卫生消毒

按 DB 1505/T 110 的相关规定执行。

ICS 65.020.30

B 40

DB1505

通 辽 市 农 业 地 方 标 准

DB 1505/T 105—2014

猪舍环境质量要求

2014—05—20 发布　　　　　　　　　　　　2014—06—10 实施

通 辽 市 质 量 技 术 监 督 局　　发布

前　言

本标准由通辽市农牧业局和通辽市质量技术监督局提出。

本标准由通辽市农牧业局归口。

本标准起草单位：通辽市畜牧兽医科学研究所。

本标准主要起草人：郭煜、付明山、韩玉国、高丽娟、李良臣、贾伟星。

猪舍环境质量要求

1 范　围

本标准规定了猪舍环境、空气、饮用水质量及卫生指标和相应的控制措施、消毒要求、防疫要求、监测与评价。

本标准适用于通辽地区养猪场（户）。

2 规范性引用文件

下列文件对于本文件的应用是必不可少的。凡是注日期的引用文件，仅所注日期的版本适用于本文件。凡是不注日期的引用文件，其最新版本（包括所有的修改单）适用于本文件。

GB 5749　生活饮用水卫生标准

GB/T 5750.4　生活饮用水卫生标准检验方法　感官性状和一般化学指标

GB/T 5750.5　生活饮用水卫生标准检验方法　非金属指标

GB/T 5750.6　生活饮用水卫生标准检验方法　金属指标

GB/T 5750.12　生活饮用水卫生标准检验方法　生物指标

GB/T 11060.1　天然气含硫化合物的测定–第一部分：用碘量法测定硫化氢标准

GB/T 14623　城市区域环境噪声测量方法

GB/T 14668　空气质量　氨的测定　纳氏试剂比色法

GB/T 14675　空气质量　恶臭的测定　三点比较式臭袋法

GB/T 15432　环境空气　总悬浮颗粒物的测定　重量法

GB 16548　病害动物和病害动物产品生物安全处理规程

GB/T 17824.3　规模猪场环境参数及环境管理

GB 18596　畜禽养殖业污染物排放标准

GB/T 19525.2　畜禽场环境质量评价总则

NY/T 682　畜禽场场区设计技术规范

NY/T 1168　畜禽粪便无害化处理技术规范

国家环保总局　水和废水监测分析方法　二氧化碳的测定法

DB 1505/T 106　猪场兽医防疫规程

DB 1505/T 110　规模化猪场卫生消毒技术规范

3 术语和定义

下列术语和定义适用于本标准。

3.1 环境质量及卫生控制

指为达到环境质量及卫生要求所采取的作业技术和活动。

3.2 舍 区

猪直接的生活环境区。

3.3 场 区

猪场围栏或院墙以内，舍区以外的区域。

3.4 恶 臭

指一切刺激嗅觉器官，损害生产生活环境的气体物质。

3.5 粉 尘

粒径小于 75μm、能悬浮在空气中的固体微粒。

4 选址和场区布局

执行 NY/T 682。

5 猪舍环境质量

5.1 猪舍环境质量

猪舍环境质量卫生指标见表1。

表 1 猪舍环境质量指标

序号	项目	单位	指标		
			仔猪	保育猪	大猪
1	温度	Cº	27~32	20~28	13~27
2	湿度	%	60~70		
3	通风	m/s	0.4	0.4	1.0

序号	项目	单位	指标		
			仔猪	保育猪	大猪
4	照度	Lx	50	50	30
5	细菌	个/m³	≤25 000		
6	噪声	dB	≤80		
7	粪便清理	—	日清粪		

5.2 控制措施

5.2.1 温度、湿度

5.2.1.1 在猪场建筑时应保证猪舍的保温隔热性能，合理设计通风、采光、取暖、降温等设施，配备相应的调节温、湿度的设备。

5.2.1.2 哺乳仔猪采用保温箱等单独供暖。

5.2.1.3 猪舍环境温度过高时，加强通风，保证饮水。

5.2.1.4 猪舍环境温度过低时，应采取供暖、保温措施，保证猪舍干燥，控制风速，防止贼风。

5.2.2 通 风

符合 GB/T 17824.3 中 5.2 条的规定。

5.2.3 采 光

符合 GB/T 17824.3 中 5.3 条的规定。

5.2.4 噪 声

5.2.4.1 远离外界噪声干扰。

5.2.4.2 选择、使用性能优良，噪声小的机械设备。

5.2.4.3 在场区、缓冲区植树种草，降低外界噪声传入。

5.2.5 病原微生物的控制措施

5.2.5.1 远离污染源。

5.2.5.2 在猪舍门口设置消毒池，工作人员进入猪舍时必须穿戴消毒过的工作服、鞋、帽等，紫外线灯照射不低于 15min。

5.2.5.3 对用具、舍区、场区环境定期清洁、杀虫、灭鼠及消毒，消毒执行 DB 1505/T 110。

5.2.5.4 粪便处理执行 NY/T 1168，污水无害化处理后达到 GB 18596 要求。

5.2.5.5 病死猪无害化处理执行 GB 16548。

6 猪舍空气质量

6.1 空气质量指标

猪舍空气质量指标见表2。

表2 猪舍空气质量指标

项 目	单 位	指 标
氨气	mg/m³	≤20
硫化氢	mg/m³	≤8
二氧化碳	mg/m³	≤1 500
粉尘	mg/m³	≤1.5
恶臭	稀释倍数	70

6.2 控制措施

6.2.1 氨气、硫化氢、二氧化碳、恶臭

6.2.1.1 配制饲料时，调整氨基酸等营养物质的平衡，提高饲料利用率，减少粪尿中氨氮化合物、含硫化合物等恶臭气体的产生和排放；合理调整日粮中粗纤维的水平，控制吲哚和粪臭素的产生。

6.2.1.2 提倡在饲料中使用微生态制剂、酶制剂等以减少粪便恶臭气体的产生。

6.2.1.3 猪舍内的粪便、污物及污水应及时清理运走，减少存放过程中恶臭气体的产生和排放。

6.2.2 粉 尘

6.2.2.1 饲料车间远离猪舍。

6.2.2.2 提倡使用颗粒饲料或湿拌料。

6.2.2.3 禁止带猪干扫猪舍，翻动垫料要轻，减少尘粒的产生。

6.2.2.4 适当进行通风换气，保证舍内湿度，及时排出颗粒物及有害气体。

7 饮用水质量

7.1 猪饮用水质量。

符合 GB 5749 的要求。

7.2 控制措施

定期清洗自来水管道，保证水质输送途中无污染。

8 防疫要求

执行 DB 1505/T 106。

9 监测与评价

9.1 监 测

采用相应的方法监测各种污染物的浓度，监测方法见表3。

表 3 猪舍各种污染物检测方法

污染物项目	监测方法	标准编号
噪声	城市区域环境噪声测量方法	GB/T 14623
氨气	空气质量 氨的测定 纳氏试剂比色法	GB/T 14668
硫化氢	天然气含硫化合物的测定-第一部分：用碘量法测定硫化氢标准	GB/T 11060.1
二氧化碳	国家环保总局《水和废水监测分析方法》	—
恶臭	空气质量 恶臭的测定 三点比较式臭袋法	GB/T 14675
粉尘	环境空气 总悬浮颗粒物的测定 重量法	GB/T 15432
细菌总数	生活饮用水卫生标准检验方法-生物指标	GB/T 5750.12
总大肠菌群	生活饮用水卫生标准检验方法-生物指标	GB/T 5750.12
色	生活饮用水卫生标准检验方法-感官性状和一般化学指标	GB/T 5750.4
浑浊度	生活饮用水卫生标准检验方法-感官性状和一般化学指标	GB/T 5750.4
臭和味	生活饮用水卫生标准检验方法-感官性状和一般化学指标	GB/T 5750.4
总硬度	生活饮用水卫生标准检验方法-感官性状和一般化学指标	GB/T 5750.4
溶解性总固体	生活饮用水卫生标准检验方法-感官性状和一般化学指标	GB/T 5750.4
pH	生活饮用水卫生标准检验方法-感官性状和一般化学指标	GB/T 5750.4
硫酸盐	生活饮用水卫生标准检验方法-非金属指标	GB/T 5750.5

（续表）

污染物项目	监测方法	标准编号
硝酸盐	生活饮用水卫生标准检验方法−非金属指标	GB/T 5750.5
氟化物	生活饮用水卫生标准检验方法−非金属指标	GB/T 5750.5
氰化物	生活饮用水卫生标准检验方法−非金属指标	GB/T 5750.5
汞	生活饮用水卫生标准检验方法−金属指标	GB/T 5750.6
砷	生活饮用水卫生标准检验方法−金属指标	GB/T 5750.6
铅	生活饮用水卫生标准检验方法−金属指标	GB/T 5750.6
镉	生活饮用水卫生标准检验方法−金属指标	GB/T 5750.6
六价铬	生活饮用水卫生标准检验方法−金属指标	GB/T 5750.6
硒	生活饮用水卫生标准检验方法−金属指标	GB/T 5750.6
铜	生活饮用水卫生标准检验方法−金属指标	GB/T 5750.6
锌	生活饮用水卫生标准检验方法−金属指标	GB/T 5750.6

9.2 环境质量、环境影响评价

按 GB/T 19525.2 的要求，根据监测结果，对猪场的环境质量、环境影响进行评价。

ICS 65.020.30

B 41

DB1505

通 辽 市 农 业 地 方 标 准

DB 1505/T 106—2014

猪场兽医防疫规程

2014—05—20 发布　　　　　　　　　　　2014—06—10 实施

通 辽 市 质 量 技 术 监 督 局　　发布

前　言

本标准由通辽市农牧业局和通辽市质量技术监督局提出。

本标准由通辽市农牧业局归口。

本标准起草单位：通辽市畜牧兽医科学研究所。

本标准主要起草人：付明山、韩玉国、张延和、高丽娟、吕宗林、李良臣、贾伟星。

猪场兽医防疫规程

1 范　围

本标准规定了猪场建设、猪场防疫管理、疫病预防措施、疫病监测控制和扑火、记录等要求。

本标准适用于通辽地区不同规模猪场的兽医防疫。

2 规范性引用文件

下列文件对于本文件的应用是必不可少的。凡是注日期的引用文件，仅所注日期的版本适用于本文件。凡是不注日期的引用文件，其最新版本（包括所有的修改单）适用于本文件。

GB 16548 病害动物和病害动物产品生物安全处理规程

GB/T 17823 集约化猪场防疫基本要求

NY 5030 无公害食品　畜禽饲养兽药使用准则

DB 1505/T 103 育肥猪用药准则

DB 1505/T 109 猪场生物安全技术规范

DB 1505/T 110 规模化猪场卫生消毒技术规范

中华人民共和国动物防疫法

3 术语和定义

下列术语和定义适用于本标准。

3.1 动物疫病

动物的传染病和寄生虫病。

3.2 动物防疫

动物疫病的预防、控制、扑灭和动物、动物产品的检疫。

4 猪场建设

应符合 DB 1505/T 109 要求。

5 防疫管理

5.1 场长的动物防疫责任

5.1.1 猪场兽医防疫实行场长负责制。
5.1.2 组织拟定猪场动物防疫计划和各部门的卫生岗位责任制。
5.1.3 按规定淘汰病猪、疑似传染病患病猪、隐性感染猪和无饲养价值的猪。
5.1.4 组织动物疫病的防制及扑灭工作。
5.1.5 对场内职工及家属进行猪场兽医防疫规程的宣传教育。
5.1.6 督促场内各部门及职工执行兽医防疫规程。

5.2 兽医技术人员的动物防疫责任

5.2.1 拟定全场的防疫、消毒、检疫、驱虫工作计划，并在场长领导下组织实施。
5.2.2 配合畜牧技术人员加强猪群的饲养管理，提高生产性能。
5.2.3 开展主要传染病的免疫监测工作。
5.2.4 定期检查饮水卫生及饲料加工、储运是否符合卫生防疫要求。
5.2.5 定期检查猪舍、用具、隔离舍、粪尿处理、猪场环境卫生和消毒情况。
5.2.6 负责防疫、猪病防治、病理剖检及无害化处理。
5.2.7 建立兽药、疫苗采购、保管、领用、免疫、疾病治疗、消毒、检疫、抗体监测、淘汰及剖检的各种业务档案。

5.3 猪场管理

执行 DB 1505/T 109。

6 疫病预防措施

6.1 卫生消毒

定期进行清洁卫生、消毒及杀虫灭鼠。清洁卫生和消毒按 DB 1505/T 110 执行。

6.2 出场检疫

猪只出场应进行检疫，并出具检疫合格证。

6.3 免疫接种

按照《中华人民共和国动物防疫法》进行强制免疫，此外还要根据本场猪群的免疫状况和疫病流行情况，制定免疫程序，进行免疫接种。

6.4 驱虫措施

6.4.1 药物使用按 DB 1505/T 103 的规定执行。

6.4.2 驱虫程序按 GB/T 17823 中 9.3 条执行。

7 疫病监测、控制和扑灭

7.1 疫病监测、控制和扑灭执行《中华人民共和国动物防疫法》相关规定。

7.2 猪场常规监测疫病的种类至少包括：口蹄疫、猪水泡病、猪温、非洲猪温、猪伪狂犬病、肠病毒性脑脊髓炎（捷申病）、结核病、猪繁殖与呼吸道综合症和布鲁氏菌病。根据疫病监测结果，有计划地对猪群进行清群和净化。

7.3 对于上述疾病的检测，应定期进行，怀疑发病时，应尽快报告当地畜牧兽医行政管理部门和官方兽医，并将病料送达指定实验室确诊。

7.4 确诊发生口蹄疫、猪水泡病、猪瘟、非洲猪瘟和肠病毒性脑脊髓炎时，养猪场应配合主管兽医当局和官方兽医，对猪群实施严格的扑杀措施，并对猪场进行彻底的清洗消毒，动物死尸按 GB 16548 进行无害化处理。消毒按 DB 1505/T 110 进行。

7.5 有治疗价值的病猪应隔离治疗，种猪治疗用药按 NY 5030 的规定执行，育肥猪治疗用药按 DB 1505/T 103 的规定执行。

8 记 录

兽药使用、免疫接种、日常消毒、发病情况、实验室检查及结果、治疗措施、无害化处理等情况，记录保存 2 年以上。

ICS　65.020.30

B　40

DB1505

通 辽 市 农 业 地 方 标 准

DB 1505/T 107—2014

绿色育肥猪饲养管理技术规程

2014—05—20 发布　　　　　　　　2014—06—10 实施

通辽市质量技术监督局　　发布

前　言

本标准由通辽市农牧业局和通辽市质量技术监督局提出。

本标准出通辽市农牧业局归口。

本标准起草单位：通辽市畜牧兽医科学研究所。

本标准主要起草人：李良臣、刘文杰、高丽娟、孙子玉、战洪波、贾伟星。

绿色育肥猪饲养管理技术规程

1 范 围

本标准规定了绿色育肥猪生产过程中引猪、环境、卫生、饲养、消毒、免疫、废弃物处理等生猪饲养管理的各环节应遵循的准则。

本标准适用于生产绿色育肥猪猪场的饲养与管理。

2 规范性引用文件

下列文件对于本文件的应用是必不可少的。凡是注日期的引用文件，仅所注日期的版本适用于本文件。凡是不注日期的引用文件，其最新版本（包括所有的修改单）适用于本文件。

GB 5749　生活饮用水卫生标准

GB 16548　病害动物和病害动物产品生物安全处理规程

GB 16549　畜禽产地检疫规范

GB 16567　种畜禽调运检疫技术规范

GB 17823　集约化猪场防疫基本要求

NY/T 65　猪饲养标准

NY/T 388　畜禽场环境质量标准

NY/T 391　绿色食品　产地环境技术条件

NY/T 471　绿色食品　畜禽饲料及饲料添加剂使用准则

NY/T 472　绿色食品　兽药使用准则

NY/T 1892　绿色食品　畜禽饲养防疫准则

中华人民共和国农业部第 278 号公告　兽药停药期规定

3 术语和定义

下列术语和定义适用于本标准。

3.1 绿色育肥猪

按国家绿色食品标准生产的育肥猪。

3.2 净　道

猪群周转、饲养员行走、场内运送饲料的专用道路。

3.3 污　道

粪便等废弃物出场的道路。

3.4 猪场废弃物

猪粪、尿、污水、病死猪、过期兽药、残余疫苗和疫苗瓶等。

3.5 全进全出制

同一批次的猪同时进、出同一猪舍单元的饲养管理制度。

4 猪场环境与工艺

4.1 猪场应建在地势高燥、排水良好的地方，用地应符合当地土地利用规划的要求。猪场周围 3 km 无大型化工厂、矿厂、皮革、肉品加工、屠宰场或其他畜牧污染源。

4.2 猪场距离干线公路、铁路、城填、居民区和公共场所 1 km 以上，猪场周围有围墙或防疫沟，并建立绿化隔离带。

4.3 猪场生产区布置在管理区的上风向或侧风向处，污水粪便处理设施和病死猪处理区应在生产区的下风向或侧风向处。

4.4 场区净道和污道分开，互不交叉。

4.5 猪场内不得饲养其他动物。

4.6 猪场应设有废弃物储存设施，防止渗漏、溢流、恶臭对周围环境造成污染。

4.7 猪场卫生条件应符合 NY/T 388 要求。

4.8 实行全进全出制。

4.9 猪舍应能保温隔热，地面和墙壁应便于清洗，并能耐用酸、碱等消毒药液清洗消毒。

4.10 猪舍内温度、湿度环境应满足不同生理阶段猪的需求。

4.11 猪舍内通风良好，空气中有毒有害气体含量应符合 NY/T 391 要求。

5 引　猪

5.1 引进种猪时，应从具有种猪经营许可的种猪场引进，按照 GB 16567 进行检疫。不得从疫区引进。

5.2 引进仔猪育肥时，应从达到 A 级绿色食品标准的猪场引进。

5.3 引进猪应隔离观察 30d，经检疫合格后方可转群。

6 饲养条件

6.1 饲料和饲料添加剂

6.1.1 饲料和添加剂的使用应符合 NY/T 471 要求。

6.1.2 在猪的不同生长期和生理阶段，根据营养需要，配制日粮。营养水平不低于 NY/T 65 要求。

6.1.3 不使用发霉变质、虫蛀、污染的饲料。

6.2 饮用水

6.2.1 保证有充足的饮水，水质符合 GB 5749 要求。

6.2.2 定期清洗消毒饮水设备，避免细菌滋生。

6.3 免 疫

6.3.1 猪群免疫符合 NY/T 1892 要求。

6.3.2 免疫用具在免疫前后彻底消毒。

6.3.3 剩余或废弃的疫苗以及使用过的疫苗瓶要做无害化处理。

6.4 兽药使用

6.4.1 兽药使用符合 NY/T 472 的要求。

6.4.2 育肥后期的商品猪治疗用药物执行中华人民共和国农业部第 278 号公告，达不到停药期的不能作为绿色育肥猪上市。

7 卫生消毒

7.1 消毒剂

选择对人和猪安全、没有残留毒性、对设备没有破坏、不会在猪体内产生有害蓄积的消毒剂，并符合 NY/T 472 的规定。

7.2 消毒方法

7.2.1 喷雾消毒

用规定浓度的次氯酸盐、有机碘混合物、0.2%~0.5%过氧乙酸、0.1%新洁尔灭等，用喷雾装置进行喷雾消毒，主要用于猪舍清洗完毕后的喷洒消毒、猪场道路和周围、进入场区的车辆。

7.2.2　浸液消毒

用规定浓度的新洁尔灭、有机碘混合物的水溶液，进行洗手、洗工作服和胶靴。

7.2.3　熏蒸消毒

用福尔马林熏蒸：每立方米用福尔马林（40%甲醛溶液）42 mL、高锰酸钾 21 g，室温 21 ℃以上、相对湿度 70%以上，封闭熏蒸 24 h。福尔马林熏蒸猪舍应在进猪前 2 周进行。

7.2.4　紫外线消毒

在猪场入口、更衣室用紫外线灯照射消毒。

7.2.5　喷撒消毒

在猪舍周围、入口、猪床下面，撒生石灰或 2%火碱溶液消毒。

7.2.6　火焰消毒

用酒精、汽油、柴油、液化气喷灯，在猪栏、猪床、猪只经常接触的地方，用火焰依次瞬间喷射。

7.3　消毒制度

7.3.1　环境消毒

猪舍周围环境每 2~3 周用 2%火碱溶液消毒或撒生石灰 1 次；场周围及场内污水池、粪污坑、排污口，每月用漂白粉消毒 1 次。在大门口、猪舍入口设消毒池，定期更换消毒液。

7.3.2　人员消毒

工作人员进入生产区之前应经过淋浴、更衣、紫外线消毒。严格控制外来人员，必须进生产区时，要淋浴，更换场区工作服和工作鞋，并遵守场内防疫制度，按指定路线行走。

7.3.3　猪舍消毒

每批猪转出后，彻底清扫、冲洗猪舍，然后进行喷雾消毒或熏蒸消毒。

7.3.4　用具消毒

定期对保温箱、补料槽、饲料车、料箱等进行消毒，可用 0.1%新洁尔灭或 0.2%~0.5%过氧乙酸喷雾消毒，然后在密闭的室内进行熏蒸。针管、针头等煮沸消毒 20~30 min。

8　饲养管理

8.1　人　员

8.1.1　饲养员应定期进行健康检查，人畜共患病患者不得从事养猪工作。

8.1.2　场内兽医人员不准对外诊疗，配种人员不准对外进行配种工作。

8.2 饲 喂

8.2.1 饲料每次添加量要适当，少喂勤添，防止饲料污染腐败。

8.2.2 转群时按体重大小、强弱分群，饲养密度符合 GB 17823 的要求。

8.2.3 每天清扫猪舍，保持料槽、水槽等用具干净，经常检查饮水设备，观察猪群健康状态。

8.3 杀虫、灭鼠

执行 NY/T 1892。

8.3.1 驱 虫

执行 NY/T 472。

9 病、死猪处理

9.1 需要淘汰的可疑病猪，应采取适当方法扑杀，防止血液和浸出物散播，尸体处理执行 GB 16548。

9.2 有治疗价值的病猪应隔离饲养，使用药物符合 NY/T 472 要求。

10 废弃物处理

10.1 废弃物实行无害化处理。

10.2 粪便、污水进行发酵处理。

11 资料记录

11.1 引种、配种、产仔、哺乳、断奶、转群、饲料消耗等。

11.2 种猪来源、特征、生产性能。

11.3 饲料来源、配方及各种添加剂使用情况。

11.4 免疫、用药、发病和治疗情况。

11.5 出场的猪号、销售地记录。

ICS 65.020.30
B 40

DB1505

通 辽 市 农 业 地 方 标 准

DB 1505/T 108—2014

种猪场技术规范

2014—05—20 发布   2014—06—10 实施

通 辽 市 质 量 技 术 监 督 局   发布

前　言

本标准附录 A 为资料性附录。

本标准由通辽市农牧业局和通辽市质量技术监督局提出。

本标准由通辽市农牧业局归口。

本标准起草单位：通辽市畜牧兽医科学研究所。

本标准主要起草人：贾伟星、杨晓松、高丽娟、刘哲迁、李良臣。

种猪场技术规范

1 范　围

本标准规定了种猪场建设、引种、种猪性能测定和选择、饲料、饮水、环境、饲养密度、通风、光照、饲养管理、疫病防制、粪污无害化处理和档案记录要求。

本标准适用于通辽地区种猪场。

2 规范性引用文件

下列文件对于本文件的应用是必不可少的。凡是注日期的引用文件，仅所注日期的版本适用于本文件。凡是不注日期的引用文件，其最新版本（包括所有的修改单）适用于本文件。

GB 5749　生活饮用水卫生标准

GB 16548　病害动物和病害动物产品生物安全处理规程

GB 16549　畜禽产地检疫规范

GB 16567　种畜禽调运检疫技术规范

GB/T 17823　集约化猪场防疫基本要求

GB/T 17824.3　规模猪场环境参数及环境管理

GB/T 18596　畜禽养殖业污染物排放标准

NY/T 471　绿色食品　畜禽饲料及饲料添加剂使用准则

NY/T 682　畜禽场场区设计技术规范

NY/T 820—2004　种猪登记技术规范

NY/T 1168　畜禽粪便无害化处理技术规范

NY 5030　无公害食品　畜禽饲养兽药使用准则

DB 1505/T 104　瘦肉型种猪饲养管理技术规程

DB 1505/T 112　猪舍设计与建筑技术规范

DB 1505/T 114　种猪性能测定技术规范

中华人民共和国畜牧法

中华人民共和国农业部第 2045 号公告　饲料添加剂品种目录（2013）

中华人民共和国农业部第 1224 号公告　饲料添加剂安全使用规范

内蒙古自治区种畜禽生产经营许可证管理办法

3 术语和定义

下列术语和定义适用于本标准。

3.1 哺乳仔猪

初生至 28 日龄断奶的仔猪。

3.2 保育仔猪

28 日龄断奶后至 70 日龄的仔猪。

3.3 育成猪

70 日龄至 4 月龄留作种用的猪。

3.4 育肥猪

4 月龄以上不能留作种用的猪。

3.5 后备猪

育成阶段结束到初次配种前的种猪。

4 种猪场建设

4.1 生产经营许可

根据《中华人民共和国畜牧法》和国家有关法律、法规、《内蒙古自治区种畜禽生产经营许可证管理办法》，获得《种畜禽生产经营许可证》。

4.2 场址选择

执行 NY/T 682。

4.3 猪舍建筑

执行 DB 1505/T 112。

5 引 种

5.1 从非疫区具有《种畜禽生产经营许可证》的种猪场引进，并由当地相关部门出具《动物防疫条件合格证》。若从国外引种，应按照《中华人民共和国进出境动植物检疫法》相关规定执行。

5.2 引进或自留的后备种猪应无临床和遗传疾病，发育正常，四肢强健有力，体型外貌符合品种特征。

5.3 引进种猪隔离饲养 30 d 以上，经检疫合格后方可转群。

5.4 种猪出场检疫和调运检疫执行 GB 16567 和 GB 16569。

6 选 种

6.1 性能测定

执行 DB 1505/T 114。

6.2 遗传评定

用动物模型 BLUP 法估计个体育种值（EBV）或综合选择指数进行遗传评定。

6.3 种猪选择

6.3.1 公、母猪性能测定结束后，根据估计育种值或综合选择指数选择优秀个体。

6.3.2 母猪年更新率应达 25%~35%，及时补充优良的后备母猪。

6.3.3 建立留种的后备公、母猪系谱档案。

7 饲 料

7.1 饲料原料应来自水源、空气、土壤无污染的地区；饲料和饲料添加剂的卫生指标应符合 GB 13078 的规定。

7.2 选用的饲料添加剂应是《饲料添加剂品种目录（2013）》（农业部公告第 2045 号）所规定的品种。

7.3 饲料和饲料添加剂的使用执行《饲料添加剂安全使用规范》（农业部公告 1224 号）和 NY/T 471。

7.4 配合饲料无发霉变质、结块、异味。

7.5 外购配合饲料时，应从具有《饲料生产许可证》的企业购进。

7.6 日粮营养水平按表 1 规定执行。根据猪群体况和生产状况可对营养水平做适当调整。

表 1　每千克饲粮主要养分含量（88%干物质）

指标	仔猪			育成猪	育肥猪	后备猪	妊娠猪	哺乳母猪	种公猪
	3~8 kg	8~20 kg	20~35 kg	35~60 kg	60 kg以上				
消化能（MJ/kg）	14.02	13.60	13.39	13.39	13.39	12.96	12.55	13.80	12.95
粗蛋白质（%）	21.0	19.0	18.0	16.4	14.5	15.0	13.0	17.5	14.5
钙（%）	0.88	0.74	0.62	0.55	0.49	0.82	0.90	0.90	0.90
总磷（%）	0.74	0.58	0.53	0.48	0.43	0.73	0.70	0.75	0.70
赖氨酸（%）	1.42	1.16	0.9	0.82	0.70	0.70	0.53	0.95	0.55

8　饮用水

水质应符合 GB/T 5749 规定，水量充足。

9　环　境

9.1　温　度

9.1.1　配种及妊娠舍温度 15~20 ℃。

9.1.2　分娩舍温度 18~22 ℃，仔猪保温箱内温度 28~32 ℃。

9.1.3　保育舍温度 21~28 ℃，刚断奶后一周的仔猪所需温度 25~28 ℃，以后可每周降 2 ℃，至 21 ℃止。

9.1.4　育成舍、育肥舍、后备猪舍温度 15~23 ℃。

9.2　湿　度

控制在 60%~70%。

9.3　猪舍空气卫生指标

各类猪舍空气卫生指标不高于表 2 要求。

表 2　猪舍空气卫生指标

猪舍类别	氨（mg/m³）	硫化氢（mg/m³）	二氧化碳（mg/m³）	细菌总数（万个/m³）	粉尘（mg/m³）
种公猪舍	20	10	1 500	2.5	1.5

猪舍类别	氨（mg/m³）	硫化氢（mg/m³）	二氧化碳（mg/m³）	细菌总数（万个/m³）	粉尘（mg/m³）
空怀妊娠猪舍	20	10	1 500	2.5	1.5
哺乳母猪舍	15	8	1 300	2.5	1.2
保育猪舍	20	8	1 300	2.5	1.2
育成、育肥及后备猪舍	20	10	1 500	2.5	1.5

10 饲养密度

各类猪群饲养密度见表3。

表3 各类猪群饲养密度

猪群类别		每栏建议饲养头数（头）	每头占猪栏面积（m²）
种公猪		1	9.0~12.0
空怀、妊娠母猪	限位栏	1	1.3~1.5
	群饲栏	4~5	2.0~3.0
后备母猪		4~6	1.5~2.5
泌乳母猪		1	4.0~4.4
保育猪		8~12	0.3~0.5
育成猪		8~10	0.8~1.0
育肥猪		8~10	1.0~1.2

11 通风、光照

按 GB/T 17824.3 执行。后备猪舍通风按 GB/T 17824.3 中表3 生长育肥猪舍通风量和风速执行，后备猪舍光照按 GB/T 17824.3 中表4 生长育肥猪要求执行。

12 饲养管理

执行 DB 1505/T 104。

13 疫病防治

13.1 按 GB 17823 要求做好猪场防疫工作。

13. 2 兽药使用执行 NY 5030。

13. 3 除强制免疫按《动物防疫法》执行外，还应根据当地和本场猪群免疫状况和疫病流行情况，制定相应的免疫方案进行免疫。

14 无害化处理

种猪场粪便处理执行 NY 1168 规定，污水处理后应符合 GB/T 18596 要求。病死猪尸体无害化处理执行 GB 16548。

15 档案记录

种猪基本信息登记表、系谱、生长发育记录表、种母猪管理卡、免疫记录、种猪变更登记表等，所有记录资料应妥善保存 2 年。表格见附录 A。

附录 A
(资料性附录)
种猪档案记录

表 A.1　种猪基本信息登记表

耳　号		出生日期		出生地点	
性　别		品　种		品　系	
初生重		乳头数	左　右	同窝仔猪数	
断奶重		进场日期		离场日期	
离场体重		离场原因			
外形特征					
免疫情况					

系　谱

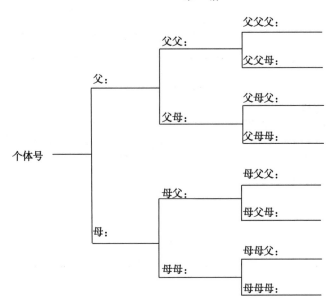

表 A.2 生长发育记录表

目标体重日龄（d）	日增重（g）	体尺（cm）					活体背膘厚（mm）	活体眼肌面积（cm²）	饲料转化率（%）
		体长	体高	胸围	腹围	腿臀围			

表 A.3 种母猪管理卡片（正面）

分场：　　母猪号：　　父系：　　母系：　　舍别：　　窝号：　　出生日期：

胎次	配种日期	与配公猪						预产期	品种	分娩舍	备注
		公猪号	时间	公猪号	时间	公猪号	时间				

表 A.4 种母猪管理卡片（背面）

分场：　　　母猪号：

舍号	栏号	产仔日期	产仔总数	产活仔数		干尸	死胎	弱仔	5日龄数	21日龄窝重	断奶日期	断奶头数	断奶窝重	主任	备注
				公	母										

表 A.5 种猪免疫记录表

栏号	耳号	生理状态		免疫						
		性别	成年或后备	疫苗名称	免疫日龄	批号	生产厂家	失效期	剂量/头	接种方式

表 A.6 种猪变更登记表

个体号	变更日期	变更原因		
		转群	残淘	死亡

ICS 65.020.30
B 41

DB1505

通 辽 市 农 业 地 方 标 准

DB 1505/T 109—2014

猪场生物安全技术规范

2014—05—20 发布　　　　　　　　　　　　2014—06—10 实施

通辽市质量技术监督局　　发布

前　言

本标准由通辽市农牧业局和通辽市质量技术监督局提出。

本标准由通辽市农牧业局归口。

本标准起草单位：通辽市畜牧兽医科学研究所。

本标准主要起草人：贾伟星、张军、高丽娟、李良臣、付明山。

猪场生物安全技术规范

1 范　围

本标准规定了猪场选址、猪场建设、管理、投入品、疫病防制、粪污处理的生物安全要求及记录。

本标准适用于通辽地区养猪场的生物安全技术。

2 规范性引用文件

下列文件对于本文件的应用是必不可少的。凡是注日期的引用文件，仅所注日期的版本适用于本文件。凡是不注日期的引用文件，其最新版本（包括所有的修改单）适用于本文件。

GB 5749　生活饮用水质标准

GB 13078　饲料卫生标准

GB 18596　畜禽养殖业污染排放标准

NY/T 1168　畜禽粪便无害化处理技术规范

DB 1505/T 103　育肥猪用药准则

DB 1505/T 106　猪场兽医防疫规程

中华人民共和国动物防疫法

3 术语和定义

下列术语和定义适用于本标准。

3.1 猪场生物安全技术

猪场为阻断病原体侵入猪群或向场外扩散，控制病原体在猪群中传播，减少疫病的发生和清除疫病所采取的一系列综合防范措施。

3.2 病原体

能引起疫病的生物体，包括寄生虫和致病微生物。

3.3 单一养殖

在养殖场内只饲养一种动物，是防止不同种类动物间病原体传播的生物安全措施之一。

4 猪场选址

猪场的选址应选择地势高燥，背风向阳，排水良好，交通方便，电源稳定，水源充足，水质良好的地方。距离交通要道（如铁路、公路）1 000 m 以上。距离饮用水源地、垃圾场、饲养场、医疗机构、屠宰场、畜产品加工厂及其他厂矿及仓库、居民区、公共场所 2 000 m 以上。

5 猪场建设

5.1 猪场布局应将管理区、生活区、生产区分开。管理区和生活区在生产区的常年主导风向上风处。粪便处理场应在场内主导风向的下风处。猪场周围有围墙或防疫沟，有防疫绿化带，各区之间也应有绿化带。

5.2 生产区配种舍、怀孕舍、分娩舍、保育舍、生长舍、育肥舍、装猪台的建设应按从上风向至下风向排列。猪舍应坐北朝南，舍间距离应满足日照、通风、防火和排污要求，南北相邻两猪舍间距应在 9~15 m，东西相邻两猪舍间距应在 15 m 以上。

5.3 猪场大门、生产区入口要建水泥消毒池，宽度等宽于大门，长度 4 m，深度 0.3 m 以上。

5.4 生产区入口应设更衣消毒室。猪舍门口应建水泥消毒池（等宽于门口、长 1.5 m 以上），或设置供人员进出消毒的消毒桶。

5.5 猪场进料道、赶猪道要与出粪道分开，不准交叉使用，猪舍设专用出粪口。

5.6 装猪台应设在生产区的围墙外面，且冲洗出猪台的污水不能回流到出猪台，有冲洗消毒设备和防鸟设施。

6 猪场管理

6.1 人 员

6.1.1 只允许生产人员与管理人员进入猪场，所有进出生产区人员应淋浴、更衣、消毒。生产人员外出回场应隔离一周，经消毒后才准许进入生产区。

6.1.2 生产、管理人员工作服要定期消毒并保持清洁。

6.1.3 饲养人员应严格实行岗位责任制，专人专舍专岗，禁止擅自串舍串岗。

6.1.4 职工家中不应养猪。

6.1.5 兽医人员不准对外诊疗动物疾病，配种员不准对外从事配种工作。

6.1.6 饲养人员应注意观察饲料质量、采食、排粪、饮水、呼吸及精神状态等情况，发现异常情况立即报告兽医技术人员。

6.1.7 外来人员应经淋浴、消毒，换工作服、工作鞋，才能进入管理区，并严格遵守防疫制度。除兽医防疫机构人员因工作需要以外，其他外来人员严禁进入生产区。

6.2 物 品

6.2.1 猪场禁止外购猪肉及其制品。猪场禁止带入可能染疫的畜产品或其他物品。

6.2.2 任何（疫苗/生物制品除外）进入生产区的物品应消毒处理。

6.2.3 禁止使用不明健康状况的遗传物质（如精液、冻精）。

6.2.4 进入生产区的工具应经消毒后方可使用。

6.2.5 各个猪舍的工具应单独使用，舍内舍外用具应分开。

6.3 车 辆

6.3.1 所有进入管理区的车辆都应经过消毒。装载生猪车辆应经消毒后停置于围墙外装猪台处。

6.3.2 场区内的车辆应专车专用。饲料车每周清洗、消毒一次。转猪车、淘汰猪车、死猪运输车每次使用后应清洗、消毒。

6.4 引种及猪群流动

6.4.1 提倡自繁自养。

6.4.2 应从非疫区引进猪只，并且有产地检疫证明。引入后隔离饲养至少 45 d，并根据免疫状况及本场的免疫程序，接种口蹄疫、猪瘟等疫苗。隔离期满经检疫合格方可转群。

6.4.3 引种前要根据实验室监测结果确定本场引种的最佳时机，还应根据种源提供场猪群健康状况，确定是否引种。

6.4.4 生产母猪允许在分娩舍和配种舍、怀孕舍之间相互流动。生产肥育猪应按分娩舍→保育舍→生长舍→育肥舍的顺序单向流动。

6.4.5 采用"全进全出制"。

6.5 单一养殖

猪场实行单一养殖。

7 投入品

7.1 水质符合 GB 5749 的要求。

7.2 配合饲料卫生指标应符合 GB 13078 的要求。饲料中禁止添加除鱼类加工品、奶源性制品以外任何动物源性原料。

7.3 药品使用符合 DB 1505/T 103 要求。

8 粪污处理

按 NY/T 1168 规定执行，污水处理后达到 GB 18596 的规定后排放。

9 疫病防制

执行 DB 1505/T 106。

10 记 录

种猪来源，饲料、兽药来源及使用情况，无害化处理情况，销售记录等，至少保留 2 年以上。

_____

ICS 65.020.30

B 41

DB1505

通 辽 市 农 业 地 方 标 准

DB 1505/T 110—2014

规模化猪场卫生消毒技术规程

2014—05—20 发布　　　　　　　　**2014—06—10 实施**

通辽市质量技术监督局　　发布

前　言

本标准由通辽市农牧业局和通辽市质量技术监督局提出。

本标准由通辽市农牧业局归口。

本标准起草单位：通辽市畜牧兽医科学研究所。

本标准主要起草人：范铁力、于大力、贾伟星、李良臣、高丽娟。

规模化猪场卫生消毒技术规程

1 范　围

本标准规定了猪场的消毒设施、消毒剂选择、消毒方法和适用范围、卫生消毒制度、注意事项及记录要求。

本标准适用于通辽地区养猪场。

2 规范性引用文件

下列文件对于本文件的应用是必不可少的。凡是注日期的引用文件，仅所注日期的版本适用于本文件。凡是不注日期的引用文件，其最新版本（包括所有的修改单）适用于本文件。

GB 16548 病害动物和病害动物产品生物安全处理规程

NY/T 472 绿色食品　兽药使用准则

3 术语和定义

下列术语和定义适用于本标准。

3.1 清　洗

去除物品上污物的全过程。

3.2 消　毒

清除或杀灭传播媒介上病原微生物，使其达到无害化要求。

3.3 消毒剂

能杀灭传播媒介上的微生物并达到消毒要求的制剂。

4 消毒设施

4.1 猪场门口设置消毒池、消毒间。消毒池为防渗硬质水泥结构，宽度与门宽度基本等同，长度 4m，深度为 0.3m 以上。消毒间应安装紫外线灯、地面设有消毒垫。

4.2 生产区入口设置消毒池、消毒间、淋浴室、消毒盆。消毒池长、宽、深与本场运输工具车相匹配。消毒间应具有喷雾消毒设备或紫外线灯及衣柜、鞋柜等。

4.3 每栋猪舍入口处设置消毒池或消毒桶。

4.4 配备喷雾消毒机等消毒设备及器械。

5　消毒剂选择

符合 NY/T 472 规定。

6　消毒方法和适用范围

6.1　喷雾消毒

采用规定浓度的化学消毒剂，用喷雾器械消毒。适用于舍内消毒、带猪消毒、环境消毒、车辆消毒等。

6.2　浸液消毒

用有效浓度的消毒剂浸泡消毒。适用于器具消毒、洗手、浸泡工作服、胶靴等。

6.3　熏蒸消毒

6.3.1　甲醛高锰酸钾熏蒸法

熏蒸前先将猪舍透气处封严，温度保持在 21 ℃以上，相对湿度达到 70%以上。福尔马林（40%甲醛溶液）与高锰酸钾比例为 2∶1，每立方米空间用福尔马林 42 mL，高锰酸钾 21 g。容器的容积应大于甲醛加水后容积的 3~5 倍，用于熏蒸的容器应尽量靠近门，操作人员要避免甲醛与皮肤接触。操作时先将高锰酸钾加入陶瓷或金属容器中，倒入少量的水，搅拌均匀，再加入福尔马林后人立即离开，密闭猪舍，熏蒸 24 h 以上。猪舍空置 2 周以上方可使用。

6.3.2　过氧乙酸熏蒸法

按每立方米空间用 1~3 g 纯品，配成 3%~5%溶液，加热产生气体熏蒸 2 h，密闭 24 h 后，开窗通风 15 min 后方可进入。

6.4　紫外线消毒

消毒室内安装紫外线灯的数量按每立方米不少于 1.5 W 计算，照射时间不少于 30 min。用于消毒间、更衣室的空气消毒及工作服、鞋帽等物体表面的消毒。

6.5 喷撒消毒

在猪舍周围、入口、猪床下面撒生石灰或2%火碱等消毒剂杀死病原微生物。适用于环境消毒。

6.6 火焰消毒

用酒精、汽油、柴油、液化气喷灯进行瞬间喷射灼烧灭菌。适用于猪栏、猪床、地面、墙面及耐高温设施的消毒。

6.7 煮沸消毒

用容器煮沸消毒，消毒时间应于水沸腾后开始计算维持20~30 min。适用于金属器械、玻璃用具、工作服等消毒。

6.8 生物热消毒

将粪便、垫料等装入发酵池，密封3个月，用发酵产生的热杀死病原微生物。适用于粪便及垫料的消毒。

7 卫生消毒制度

7.1 日常卫生

7.1.1 保持场区环境清洁，每周搞卫生1~2次。及时清理场区杂草，疏通排水道，排除低洼积水。

7.1.2 每天打扫猪舍卫生，保持料槽、饮水器、用具干净，地面清洁。

7.1.3 装猪台每次使用后清理污物，冲洗干净，用0.2%~0.5%过氧乙酸消毒。

7.2 环境消毒

7.2.1 定期对猪场内道路彻底消毒，每周至少用2%火碱或生石灰消毒1次。

7.2.2 场区周围及场内污水池、排污口、清粪口至少每半月用2%火碱消毒1次。

7.2.3 定期更换消毒池内的消毒液，保持有效浓度。每栋猪舍门前设置的脚踏消毒桶每周至少更换2次消毒液。

7.2.4 搞好生产区的环境卫生。生产区出入口采用喷雾消毒，消毒液可采用0.1%新洁尔灭或0.2%过氧乙酸。

7.3 人员消毒

7.3.1 工作人员进入生产区要经过淋浴、更衣、换鞋、洗手消毒后进场。

7.3.2 工作人员进出不同猪舍应换穿不同的橡胶靴，将换下的橡胶靴洗净后浸泡在另一消毒桶中，并洗手消毒，工作服、鞋帽于每天下班后挂在更衣室内，用紫外线灯照射消毒。

7.3.3 检查巡视猪舍的工作人员、生产区的技术人员及负责免疫工作的人员，每免疫一批猪群，应用消毒药水洗手，并用消毒药浸泡工作服，洗涤后在阳光下曝晒消毒。

7.3.4 经批准允许进入管理区的外来人员按消毒程序严格消毒。

7.4 物品消毒

7.4.1 进入猪场的所有物品，应根据物品种类选择使用多种消毒方法中的一种或两种以上组合进行消毒。

7.4.2 进入生产区的所有物品，应对包括最小外包装在内的所有包装层次，用消毒药液喷雾、浸泡或擦拭。

7.5 猪舍消毒

7.5.1 新建猪舍
清扫干净后自上而下喷雾消毒，同时清洗消毒猪舍内饲喂用具。

7.5.2 空猪舍
7.5.2.1 先对顶棚、墙壁等部位的尘土进行彻底清扫，清除饲槽的残留物及所有粪污，运往无害化处理区。

7.5.2.2 经过清扫后，用动力喷雾器或高压水枪进行冲洗，按照自上而下，从里至外的顺序进行。对较脏的污物，清除干净再冲刷，对角落、缝隙、设备背面均应冲洗，不留死角。

7.5.2.3 将彻底洗净干燥后的猪舍喷雾消毒。消毒时，应选择 2~3 种不同类型的消毒药进行 2~3 次消毒。通常第一次使用碱性消毒药，第二次使用表面活性剂类或卤素类消毒药，干燥后进行第三次消毒，用甲醛高锰酸钾熏蒸消毒或火焰消毒。

7.5.3 饮水管道系统
消毒时，将消毒液从水箱顶部倒入，应确保整个饮水系统浸泡消毒液 60 min 以上；从各个饮水器依次排放，冲洗饮水系统。每次转出猪后，应卸下饮水器清洗，然后煮沸消毒 20~30 min。

7.6 带猪消毒

7.6.1 在晴朗天气进行。先清扫猪栏、地面、墙壁等处的猪粪及房顶、墙角的蜘蛛网和舍内的灰尘，再进行带猪喷雾消毒。

7.6.2 喷雾时应关闭门窗，按自上而下、由内至外的顺序进行；消毒时间宜在上午和中午进行；喷雾时喷头向上喷出雾粒，切忌直接对猪喷雾。应选用广谱、高效、对人、猪吸入毒性或刺激性小的消毒药，并每 2~3 周更换一种。常用的带猪消毒药有 0.2%过氧乙酸、0.1%新洁尔灭。消毒后应加强通风换气。

7.6.3 带猪消毒每周 1~2 次，发生疫情时每天消毒 1~2 次。活疫苗免疫接种前后 3 天内停止带猪消毒；冬季带猪消毒时应将药液温度加热到室温，喷雾时舍内温度应比平时高 3~5 ℃；配制的消毒液应一次用完。

7.7　用具消毒

7.7.1 料车、补料槽等用具每周至少清洗消毒一次。可用 0.1%新洁尔灭或 0.2%~0.5%过氧乙酸消毒。

7.7.2 每天清除完猪粪后，用具应清洗干净。

7.7.3 免疫用的注射器、针头及相关器械每次使用前、后均应煮沸消毒 20~30 min。化验用的器具和物品在每次使用后应按相关规定消毒。

7.7.4 运猪车每次使用后清理污物，冲洗干净，用 0.2%~0.5%过氧乙酸消毒。

7.8　粪便消毒

每天清除猪粪，及时运至储粪场进行生物热消毒。

7.9　死猪尸体无害化处理

执行 GB 16548。

8　注意事项

8.1 消毒前应清除消毒对象表面的污物。消毒时应掌握好消毒剂的浓度、剂量和作用时间，还应注意环境的温度、湿度。

8.2 有配伍禁忌的消毒剂不能混合使用。

8.3 不同消毒剂应轮换使用。

8.4 稀释消毒药应选用杂质较少的自来水，应现用现配，一次用完。

8.5 用生石灰消毒时应避免与猪体直接接触。

8.6 用甲醛高锰酸钾熏蒸消毒时不应使用塑料容器。

8.7 消毒时应根据疫病流行情况确定消毒次数，疫病流行时加大消毒频率。

8.8 消毒人员应做好自身防护。

9　消毒记录

消毒记录应包括消毒日期、消毒场所、消毒剂名称、消毒剂浓度、消毒方法、消毒人员等内容，保存 2 年以上。

_____

ICS 65.020.30

B 40

DB1505

通 辽 市 农 业 地 方 标 准

DB 1505/T 111—2014

商品猪场技术规范

2014—05—20 发布　　　　　　　　　　2014—06—10 实施

通 辽 市 质 量 技 术 监 督 局　　发布

前　言

本标准附录 A 为规范性附录。

本标准由通辽市农牧业局和通辽市质量技术监督局提出。

本标准由通辽市农牧业局归口。

本标准起草单位：通辽市畜牧兽医科学研究所。

本标准主要起草人：郭煜、高丽娟、李良臣、贾伟星、代广忠。

商品猪场技术规范

1 范　围

本标准规定了商品猪场的猪舍建设、生产工艺、环境要求、商品猪生产、引种和留种、饲养管理、生物安全措施、卫生消毒、兽医防疫及无害化处理和记录等应遵循的准则。

本标准适用于通辽地区商品猪场。

2 规范性引用文件

下列文件对于本文件的应用是必不可少的。凡是注日期的引用文件，仅所注日期的版本适用于本文件。凡是不注日期的引用文件，其最新版本（包括所有的修改单）适用于本文件。

GB 5749　生活饮用水质标准

GB 13078　饲料卫生标准

GB 16567　种畜禽调运检疫技术规范

GB/T 17824.1　规模猪场建设

GB/T 17824.3　规模猪场环境参数及环境管理

NY/T 65　猪饲养标准

NY/T 471　绿色食品饲料和饲料添加剂使用准则

NY/T 682　畜禽场场区设计技术规范

DB 1505/T005　畜牧养殖　产地环境技术条件

DB 1505/T 102　猪用饲料质量安全要求

DB 1505/T 106　猪场兽医防疫规程

DB 1505/T109　猪场生物安全技术规范

DB 1505/T 110　规模化猪场卫生消毒技术操作规程

DB 1505/T 112　猪舍设计与建筑技术规范

3 术语和定义

下列术语和定义适用于本标准。

全进全出制

同一批次猪同时进、出同一猪舍单元的饲养管理制度。

4 选址布局与建设

选址布局符合 NY/T 682 相关要求。

猪舍建设执行 DB 1505/T 112。

5 生产工艺、环境要求

5.1 生产工艺

依据种公猪、空怀母猪、妊娠母猪、哺乳母猪、生长育肥猪和后备公母猪的生理特点，按照 GB/T 17824.1 的猪群周转流程组织生产，形成全年连续、均衡、周期性运转的商品猪生产技术流程。

5.2 环境要求

5.2.1 产地环境符合 DB 1505/T 005 的规定。

5.2.2 猪舍环境要求执行 GB/T 17824.3。

6 亲本选择与引进

6.1 亲本选择

6.1.1 商品猪生产应选用适应性强的优良品种，采用三个品种以上的杂交组合，提供规格化的商品肉猪。

6.1.2 父系种猪是纯种或二元杂交猪，生产性能要求饲料转化率高、生长速度快、肉用性能好。

6.1.3 母系种猪采用二元以上的杂交母猪，生产性能要求繁殖性能强、母性好、仔猪哺育率高。

6.2 亲本引进

6.2.1 制定引种计划和留种计划，内容包括：品种或品系、来源、时间、隔离方法与设施、疫病监测、生产性能测定等。

6.2.2 从非疫区具有《种畜禽生产经营许可证》的种猪场引进，并由当地相关部门出具《动物防疫条件合格证》。

6.2.3 引进或自留的后备种猪应无临床和遗传疾病，发育正常，四肢强健有力，体型外貌符合品种特征。

6.2.4 引进种猪隔离饲养 30 d 以上，经检疫合格后方可转群。

7 外购仔猪

禁止从疫区或可疑疫区引进仔猪，从非疫区引进时应进行检疫并合格。

8 饲料及饮水要求

8.1 配合饲料的营养水平应符合 NY/T 65 规定。

8.2 配合饲料的卫生指标应符合 GB 13078 规定。

8.3 配合饲料应符合 DB 1505/T 102 规定。

8.4 配合饲料应色泽一致，无发霉变质、结块及异味。

8.5 饲料应贮存在干燥、温度、湿度适宜的专用仓库内，库存谷类饲料的含水量不能超过 14%，防止虫、鼠危害。

8.6 配合饲料添加剂使用应符合 NY/T 471 规定。

8.7 外购配合饲料时，应从具有《饲料生产许可证》的企业购进。

8.8 饲料中禁止添加除鱼类加工品、奶源性制品以外任何动物源性原料。

8.9 饮水水质符合 GB 5749 的要求。

9 饲养管理

9.1 猪群管理

9.1.1 猪群按品种、性别、年龄、体重及不同生理生产阶段分群管理、分段饲养。按照猪群类别饲喂不同的配合饲料。

9.1.2 生长、育肥猪饲养阶段的划分（按体重）。

仔猪前期　　出生~15 kg

仔猪后期　　15~30 kg

生长期　　　30~60 kg

育肥期　　　60~上市

9.1.3 公猪、母猪年更新比例 25%~35%。

9.1.4 根据品种特点、生产性能及生产规模确定繁殖节律，商品猪实行连续、均衡生产。

9.1.5 种公猪采用单栏饲养，空怀母猪和妊娠母猪采用小群栏或单栏饲养，分娩母猪宜采用全漏缝高床分娩栏饲养，保育猪宜采用全漏缝高床保育栏饲养，生长育肥猪采用群栏饲养。

9.1.6 种公猪、空怀母猪、妊娠母猪及后备公母猪宜采用定量饲喂，哺乳母猪、哺乳仔猪、保育猪、生长育肥猪宜采用自由采食。变换饲料应逐步过渡，过渡期为 4~

7 d。

9.1.7 种公猪应保持身体强壮，在 9~12 月龄公猪每周配种 1~2 次，13 月龄以上公猪每周配种 3~4 次。本交公猪每月应检查精液品质一次，夏季每月两次，根据精液品质检查结果，合理安排好公猪的使用。人工授精公猪每次采精后应检查精液品质。天气炎热时应选择在早晚较凉爽时配种，猪舍采取降温措施，防止公猪热应激。

9.1.8 空怀母猪应保持八成膘，妊娠母猪应保持环境安静、营养合理，哺乳母猪应保持足够的饮水、营养和采食量，在分娩前后和断奶前应适当减少饲喂量。

9.1.9 初生仔猪应做好打耳号、称重、剪牙、断尾、及时吃足初乳，3 日龄补铁、10 日龄公猪去势、断奶前免疫注射等工作。

9.1.10 采用"全进全出制"的猪群流动模式。哺乳仔猪、保育猪和生长猪转群时，宜采用原圈转群；在特殊情况下，应按照体重和日龄相近者并圈。生长育肥猪宜远离种猪及仔猪进行单独饲养。

9.1.11 应细心观察猪群的精神、健康、发情、采食、粪尿等状况，注意防寒保暖和防暑降温，发现问题及时解决。

9.1.12 猪场的生产技术指标宜达到附录 A 的水平。

9.2 分阶段饲养

9.2.1 种公猪

9.2.1.1 日喂 2 次，日喂料量 2.5~3.0 kg。配种期可每天补喂一枚鸡蛋。

9.2.1.2 后备公猪在 8 月龄进行配种前的调教。初配时间 9~10 月龄，体重 120~150 kg。

9.2.2 后备母猪和空怀母猪

9.2.2.1 4 月龄（体重 60 kg）前自由采食；体重达 60 kg 后进入后备猪阶段应实行限饲，日喂料量为 1.8~2.5 kg。第三情期开始配种，第二次发情后至下一次配种前 10~14d，实行短期优饲，日喂料量 3.5~4.0 kg。后备母猪限饲期间可补充粗饲料。

9.2.2.2 4 月龄后分群饲养，每群 5 头~6 头。

9.2.2.3 初配月龄约 7~8 月龄，体重 120~130 kg。

9.2.2.4 适时配种时间在允许公猪爬跨后 12~18 h，第一次交配后隔 12~24 h 复配一次。

9.2.2.5 经产空怀母猪配种前的饲养根据母猪体况而定，断奶时过肥的母猪，减少饲料日喂量，不超过 2.0 kg/d。断奶时体况过瘦的母猪，增加饲料喂量，使母猪恢复膘情，推迟一个情期配种。

9.2.3 妊娠母猪

母猪配种受胎后饲喂妊娠期料，妊娠前期（1~21 d）日喂料量 1.8~2.1 kg；妊娠中期（22~86 d）日喂料量 2.1~2.4 kg；妊娠后期（87~分娩）日喂料量 2.5~3.5 kg，保持三级体况。

9.2.4 哺乳母猪

9.2.4.1 分娩当天应停止喂料，保证饮水，第二天开始逐步增加喂料量，饲喂哺乳母猪料，日喂 3~4 次，日喂料量 5.0~6.5 kg，过渡到自由采食。

9.2.4.2 仔猪断奶后，母猪进入待配期，该阶段母猪仍喂哺乳母猪料，日喂料量 2.5~4.0 kg，一般哺乳母猪在仔猪断奶后 7d 内发情、配种。

9.2.5 仔 猪

9.2.5.1 出生后 5~7 d 开始诱食、补料，保持料槽清洁，饲料新鲜，少添勤添，晚间要补添一次料。每天补料 4~5 次。

9.2.5.2 断奶后在原圈留养 5~7 d 转入保育舍，饲养至 70~77 日龄，再转入生长育肥舍。

9.2.6 生长育肥猪

饲养密度 0.8~1.2 m^2/头。

30~60 kg 体重饲喂生长期料；60 kg 体重以后饲喂育肥期料。

自由采食，自由饮水，保持槽内有料，下料口通畅。

10 生物安全措施

执行 DB 1505/T 109。

11 卫生消毒

执行 DB 1505/T 110。

12 疫病防制、用药及病死猪无害化处理

执行 DB 1505/T 106。

13 运 输

13.1 商品猪上市前，应经兽医卫生检疫部门根据 GB 16549 检疫，并出具检疫证明，合格者方可上市屠宰。

13.2 运输途中，不应在疫区、城镇和集市停留、饮水和饲喂。

14 记 录

饲料、配种、转群、接产、断奶、兽药、免疫、疾病诊断和治疗、出售等日常工作，应有详细记录，并有专人负责，记录要定期检查和统计分析，记录应保存 2 年以上。

附录 A
（规范性附录）
猪场生产技术指标

表 A.1 母猪繁殖性能指标

指标名称	指标数值
基础母猪断奶后第一情期受胎率（%）	≥85
分娩率（%）	≥96
基础母猪年均产仔窝数［窝/（年·头）］	≥2.1
基础母猪平均窝产活仔数（头/窝）	≥10.5
断奶日龄（天）	≥28
哺乳仔猪成活率（%）	≥92
基础母猪年提供断奶仔猪数（头/年）	≥20.0

表 A.2 生长育肥期性能指标

指标名称		指标数值
仔猪平均断奶体重（4周龄）/（kg/头）		≥7.0
仔猪保育期（5~10周龄）	期末体重（kg/头）	≥20.0
	料重比（kg/kg）	≤1.8
	成活率（%）	≥95
生长育肥期（11~25周龄）	成活率（%）	≥98
	日增重（g/天）	≥650
	料重比（kg/kg）	≤3.0
170日龄体重（kg/头）		≥90

表 A.3 猪场整体生产技术指标

指标名称	基础母猪年出栏商品猪数/头
基础母猪年出栏商品猪数（头）	≥18.0
商品猪出栏率（%）	≥160

ICS   65.020.30

B   40

DB1505

通 辽 市 农 业 地 方 标 准

DB 1505/T 112—2014

猪舍设计与建筑技术规范

2014—05—20 发布   2014—06—10 实施

通 辽 市 质 量 技 术 监 督 局   发布

前　言

本标准附录 A 为资料性附录。

本标准由通辽市农牧业局和通辽市质量技术监督局提出。

本标准由通辽市农牧业局归口。

本标准起草单位：通辽市畜牧兽医科学研究所。

本标准主要起草人：高丽娟、李津、杨醉宇、贾伟星、李良臣。

猪舍设计与建筑技术规范

1 范 围

本标准规定了猪场选址、生产模式和生产工艺、设备，猪舍建筑形式、设计及建筑技术、防火等级、配套工程要求及注意事项。

本标准适用于通辽地区养猪小区、规模养猪场、养猪户。

2 规范性引用文件

下列文件对于本文件的应用是必不可少的。凡是注日期的引用文件，仅所注日期的版本适用于本文件。凡是不注日期的引用文件，其最新版本（包括所有的修改单）适用于本文件。

GBJ 16 建筑设计防火规范

GB 5749 生活饮用水卫生标准

GB/T 17824.1 规模猪场建设

GB/T 26623 畜禽舍纵向通风系统设计规程

NY/T 682 畜禽场场区设计技术规范

NY/T 2078 标准化养猪小区建设标准

3 术语和定义

下列术语和定义适用于本标准。

3.1 单列式猪舍

猪栏呈一列排列的猪舍。

3.2 双列式猪舍

猪栏呈双列排列的猪舍。

3.3 多列式猪舍

猪栏呈三列以上排列的猪舍。

3.4 一点式生产模式

不同生理阶段的猪集中在一个区域进行饲养。

3.5 二点式生产模式

仔猪断奶后转运至隔离保育区并完成育肥。

3.6 三点式生产模式

仔猪断奶后转运至隔离保育区，饲喂至 8 周龄（20 kg 左右）再转运至隔离育肥区。

4 场址选择

符合 NY/T 682 相关要求。

5 生产模式和生产工艺

5.1 可采用一点式、二点式、三点式生产模式。

5.2 采用全进全出制生产工艺。

6 设 备

主要设备（包括猪栏、食槽、饮水、漏粪地板等）基本参数符合 GB/T 17824.1 规定。

7 建筑形式

7.1 全封闭猪舍

四面有墙，上有顶棚，通过窗户采光，通过窗户和通风口通风，辅以机械通风。

7.2 半封闭日光型猪舍

三面有墙，南侧半墙，北半坡有顶棚，冬季用塑膜密封。

8 设计及建筑技术

8.1 全封闭猪舍

8.1.1 朝 向
坐北朝南，偏向西 $10°\sim15°$。

8.1.2 舍间距离
9~15 m。

8.1.3 跨度和长度
单列式猪舍跨度 5.0~6.0 m，双列式 7.0~10.0 m，多列式 10.0 m 以上。长度根据场地和养猪数量而定。

8.1.4 高 度
2.5~3.0 m 为宜。

8.1.5 结 构
采用轻钢结构或砖混结构。

8.1.6 地 基
用石块或砖砌地基，地基深 50~80 cm，并高于地面。

8.1.7 墙 壁
墙体采用保温墙设计，24 cm 实心墙体，外墙贴 5.0~8.0 cm 厚保温板（密度 10 kg/m³），也可 37 cm 实心墙体，外墙用水泥沙浆抹灰。墙体也可用复合夹芯板，保温板厚度 10 cm。

8.1.8 屋 顶
屋顶由下至上为屋架、檩条、芭板、两层聚苯板（每层 4~5 cm，计 8~10 cm）错开布置（容重大约 10 kg/m³）、彩钢瓦（或石棉瓦）。屋架可采用钢架屋架（防腐处理），也可采用木材"人字梁"做屋架，如果猪舍跨度大，木质屋架适当增加支柱。

8.1.9 地 面
猪舍地面应硬化（也可用立砖地面），坚实平整、耐腐蚀，坡度 1%~3%，略粗糙（防滑），易于清扫和消毒。也可做成保温地面或采暖地面。

8.1.10 门
设在两端墙上，正对饲料通道或清粪通道，不设门槛和台阶。门宽度以便于运料车和清粪车通过为宜。

8.1.11 窗
窗户距地面 0.90 m，框高 1.50 m，宽 1.8~2.0 m，南北窗数量比例以 3∶1 为宜，北窗应与三个南窗中之一相对应。宜采用塑钢窗。

8.1.12 通风设施

采用自然通风,辅以机械通风。机械通风系统设计执行 GB/T 26623。

8.1.13 粪尿沟

宽度为 0.25~0.3 m,深 0.15~0.3 m,倾斜度 0.2%~0.5%,粪尿沟为水泥砂浆面层,上盖铁箅子、塑钢箅子或高强度塑料箅子。

8.1.14 通 道

宽度以便于运料车和清粪车通过为宜。多列式每隔 30~40 m,沿跨度方向设置纵向通道。

8.2 半封闭日光型猪舍

8.2.1 朝 向

坐北朝南,偏向西 10°~15°。

8.2.2 舍间距离

9~15m。

8.2.3 跨度及长度

跨度 5.0~5.5 m,长度根据场地和养猪数量而定。

8.2.4 结 构

采用砖木结构或轻钢结构。

8.2.5 地 基

用石块或砖砌地基,地基深 50~80 cm,并高于地面。

8.2.6 墙体、脊高、立柱

前墙高 1.0~1.2 m,后墙高 2.0 m,脊高 2.75 m 左右;前墙厚为 24 cm,其他墙为 37 cm,最好做保温处理。立柱用圆木、钢管或 24 cm 砖柱。

8.2.7 屋 顶

用民房建筑材料,以结实、保温、耐用为宜。塑料薄膜的棚面与地面夹角 63°左右。

8.2.8 门

半封闭猪舍端墙上开门,且正对通道,不设门槛和台阶,门宽度以便于运料车和清粪车通过为宜。

8.2.9 地 面

猪舍地面应硬化(也可用立砖地面),坚实平整、耐腐蚀,坡度 1%~3%,略粗糙(防滑),易于清扫和消毒。

8.2.10 粪尿沟

宽度为 0.25~0.3 m,深 0.15~0.3 m,倾斜度 0.2%~0.5%,粪尿沟为水泥砂浆面层,上盖铁箅子、塑钢箅子或高强度塑料箅子。

8.2.11 通 道

宽度以便于运料车和清粪车通过为宜。

8.2.12 塑料薄膜

冬季扣塑料薄膜，塑膜选用 0.08~0.10 mm 的无滴膜，夜间用草帘或棉被覆盖。

8.2.13 通风设施

进气口在南墙高度 1/2 处的下端，大小 0.2 m×0.2 m，排气口在棚舍顶部，高出棚面 0.3 m~0.5 m，规格 0.3 m×0.3 m。进气口冬季夜间可以堵塞。在北墙每隔 3.0 m 设 1 个规格为 0.6 m×0.8 m 通风窗。

9 防火等级

符合 GDJ 16 三级要求。

10 配套工程

10.1 供 暖

猪舍因地制宜设置供暖设施。分娩舍和保育舍应有局部采暖措施。

10.2 给水、排水

10.2.1 宜采用自动供水系统，根据需水总量和 GB 5749 选定水源、储水设施和管路。

10.2.2 排水应采用雨污分流制，污水暗管排入污水处理设施。

10.3 供 电

执行 NY/T 2078。

10.4 道 路

场区道路符合 NY/T 682 相关规定。

11 注意事项

11.1 猪舍基础施工应在结冻前完成。

11.2 猪舍干燥后方可使用。

11.3 使用前，猪舍应彻底消毒。

附录 A
(资料性附录)
猪舍剖面图

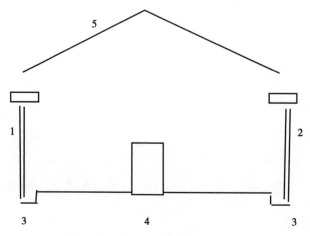

1 北墙 2 南墙 3 粪尿沟 4 门 5 顶棚

图 A.1 全封闭猪舍

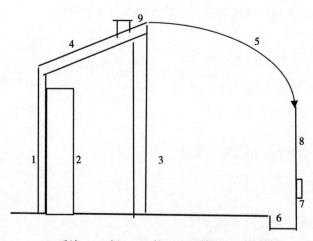

1 后墙 2 门 3 立柱 4 顶棚 5 塑料棚
6 粪尿沟 7 进气口 8 前墙 9 排气口

图 A.2 半封闭日光型猪舍

ICS 65.020.30
B 40

DB1505

通 辽 市 农 业 地 方 标 准

DB 1505/T 113—2014

种猪淘汰技术要求

2014—05—20 发布   2014—06—10 实施

通辽市质量技术监督局   发布

前　言

本标准由通辽市农牧业局和通辽市质量技术监督局提出。

本标准由通辽市农牧业局归口。

本标准起草单位：通辽市畜牧兽医科学研究所。

本标准主要起草人：李良臣、孙丽荣、高丽娟、张延和、郑海英。

种猪淘汰技术要求

1 范 围

本标准规定了后备猪选育、种母猪胎次分布、种猪淘汰率、母猪淘汰时间、母猪淘汰依据、公猪淘汰依据。

本标准适用于通辽地区猪场种猪群的更新。

2 规范性引用文件

下列文件对于本文件的应用是必不可少的。凡是注日期的引用文件，仅所注日期的版本适用于本文件。凡是不注日期的引用文件，其最新版本（包括所有的修改单）适用于本文件。

DB 1505/T 114 种猪性能测定技术规范

3 术语与定义

下列术语和定义适用于本标准。

3.1 后备母猪

选留作种用到初次参加配种的母猪。

3.2 后备公猪

选留作种用到初次参加配种的公猪。

4 后备猪选育

4.1 测定性状和方法

DB 1505/T 114。

4.2 遗传评定

用动物模型 BLUP 法估计个体育种值（EBV）或综合选择指数进行遗传评定。

4.3 选 择

后备公猪、母猪性能测定结束后，根据估计育种值或综合选择指数选择优秀个体。

5 种母猪胎次分布

种母猪胎次分布见表1。

表1 每100头种母猪场胎次分布

项 目	胎 次							
	1	2	3	4	5	6	≥7	合计
在群头数（头）	20	18	17	15	14	10	6	100

6 种猪淘汰率

年淘汰率在 25%～35%，周淘汰率 0.480%～0.673%。

7 母猪淘汰时间

病弱、异常母猪、发情延迟和多次返情母猪随时淘汰，其他母猪主要在仔猪断奶后经过综合评价进行淘汰。

8 母猪淘汰依据

8.1 超过 240 日龄不发情的后备母猪，断奶后 30d 不发情的经产母猪。

8.2 配种后连续返情 2 次以上，累计流产 2 次。

8.3 第一、二胎平均产活仔数低于 7 头的母猪。

8.4 连续二胎、累计三胎哺乳仔猪成活率低于 80%。

8.5 累计二胎 28 日龄平均断奶个体重低于 7.5 kg，累计二胎 28 日龄平均断奶窝重低于 60 kg。

8.6 7 胎以上。

8.7 配种前健康状况不佳的后备母猪，体况过瘦难以恢复的种母猪。

8.8 出现子宫炎、乳房炎且两个疗程不愈。

8.9 难产经剖腹手术的母猪。

8.10 患严重传染病和垂直传染性疾病。

8.11 肢蹄疾患久治不愈，长期瘫痪。

8.12 有恶癖，母性不强。

8.13 有畸形后代的母猪。

9 种公猪淘汰依据

9.1 患有生殖器官疾患，多次治疗不愈。

9.2 患有遗传疾患，性欲低下。

9.3 精子活力 0.7 级以下，密度 1.0 亿个/mL 以下，畸形率 18% 以上。

9.4 配种受胎率低于 50%。

9.5 肢蹄疾患久治不愈，长期瘫痪。

9.6 连续使用三年以上。

9.7 体质弱不能恢复。

9.8 严重恶癖。

9.9 患严重传染病和通过生殖道传染的疾病。

9.10 其他原因而失去使用价值。

ICS 65.020.30

B 40

DB1505

通 辽 市 农 业 地 方 标 准

DB 1505/T 114—2014

种猪性能测定技术规范

2014—05—20 发布   2014—06—10 实施

通 辽 市 质 量 技 术 监 督 局   发布

前　言

本标准由通辽市农牧业局和通辽市质量技术监督局提出。

本标准由通辽市农牧业局归口。

本标准起草单位：通辽市畜牧兽医科学研究所。

本标准主要起草人：李芳萍、康宏昌、高丽娟、贾伟星、李良臣。

种猪性能测定技术规范

1 范 围

本标准规定了种猪生产性能测定的基本条件、测定性状、记录及数据分析。

本标准适用于通辽地区种猪场。

2 规范性引用文件

下列文件对于本文件的应用是必不可少的。凡是注日期的引用文件,仅所注日期的版本适用于本文件。凡是不注日期的引用文件,其最新版本(包括所有的修改单)适用于本文件。

NY/T 820 种猪登记技术规范

NY/T 822 种猪生产性能测定规程

NY/T 825 瘦肉型猪胴体性状测定技术规范

《中华人民共和国动物防疫法》

3 术语和定义

下列术语和定义适用于本标准。

3.1 总产仔数

出生时同窝的仔猪总数,包括死胎、木乃伊和畸形猪在内。

3.2 产活仔数

出生时同窝存活的仔猪数,包括弱仔、即将死亡的仔猪在内。

3.3 初生重

仔猪初生时的个体重,在出生后 12 h 内测定,只测定存活仔猪的体重。

3.4 初生窝重

全窝存活仔猪体重之和为初生窝重。

3.5 21日龄窝重

21日龄时全窝重量，包括寄养进来的仔猪体重，不包括寄出仔猪的体重。

3.6 断奶窝重

全窝仔猪在断奶时个体体重的总和。断奶窝重除以个体数，为个体断奶平均重。包括寄养进来的仔猪体重，不包括寄出仔猪体重。

3.7 哺育率

断奶仔猪数占产活仔数的比例。如有寄养情况，在产活仔数中减去寄出仔猪数，加上寄入仔猪数，计算公式：

$$哺育率 = \frac{断奶时仔猪数}{（母猪产活仔猪数-寄出仔猪数+寄入仔猪数）} \times 100\%$$

4 基本条件

4.1 种猪场选址合理，有相应的隔离舍和测定舍，严格的生物安全措施，符合《中华人民共和国动物防疫法》有关要求。

4.2 应有检测设备，并由专人负责管理和使用。

4.3 有合格的测定员和执业兽医师。

4.4 受测猪的营养水平符合相应品种的营养需要，测定环境基本一致。

4.5 有完整的档案记录。

5 性能测定

5.1 繁殖性能

5.1.2 指 标

总产仔数、产活仔数、初生重、21日龄窝重、断奶窝重、哺育率。

5.1.2 方 法

总产仔数、产活仔数在仔猪初生时做好记录和个体号登记，个体编号系统按NY/T 820附录A执行。体重测定要求在当日早晨空腹称重。

5.2 生长发育

5.2.1 受测猪选择

5.2.1.1 受测猪个体编号清楚，有三代以上系谱记录，符合品种要求，生长发育正常，健康状况良好，同窝无遗传缺陷。

5.2.1.2 猪场近 3 个月内无疫情。

5.2.1.3 受测猪应在测前 10 d 内完成免疫注射、驱虫和部分公猪的去势。

5.2.1.4 受测猪应来源于主要家系（品系），从每头公猪与配的母猪中随机抽取三窝，每窝 1 头公猪、1 头阉公猪和 2 头母猪进行生长肥育性能测定，其中 1 头阉公猪 1 头母猪于体重 100 kg 时进行屠宰性能测定。

5.2.1.5 受测猪在 70 日龄以内，体重 25 kg 以内，并经 2 周隔离预饲后进入测定期。

5.2.2 指标及方法

5.2.2.1 70 日龄体重：清晨空腹称重。

5.2.2.2 4 月龄体重：清晨空腹称重。

5.2.2.3 达 100 kg 体重日龄：受测猪体重达 80~105 kg 空腹称重，按实际体重和日龄可校正为达 100 kg 体重日龄。执行 NY/T 822 附录 A.2。

5.2.2.4 100 kg 体重活体背膘厚：在测定 100 kg 体重日龄时，同时测定 100 kg 体重活体背膘厚。测定方法执行 NY/T 822。

5.2.2.5 体尺测定：测定体高、体长、胸围、腹围、腿臀围。

5.3 肥育性能测定

5.3.1 受测猪选择

同本标准 5.2.1 条。

5.3.2 指 标

活体背膘厚、30~100 kg 平均日增重、饲料转化率。

5.3.3 方 法

执行 NY/T 822。

5.4 屠宰性能测定

5.4.1 受测猪选择

5.4.1.1 参加屠宰测定的猪，应从所在的血统或半同胞家系中随机选择，且能代表该血统或家系的胴体性能水平。

5.4.1.2 选作屠宰性能测定的猪应经过育肥性能测定。

5.4.1.3 每个血统或家系的屠宰测定头数应不少于 6 头，至少来自 3 窝，公、母数各半。

5.4.1.4 阉公猪应在体重 25 kg 前完成去势。

5.4.1.5 参加屠宰测定的猪体重应基本相同，育肥结束体重 100 kg 左右，称取宰前活重。

5.4.2 指 标

胴体重、屠宰率、平均背膘厚、眼肌面积、后腿比例、胴体瘦肉率。

5.4.3 方 法

胴体重、屠宰率、平均背膘厚的测定执行 NY/T 825，眼肌面积、后腿比例、胴体瘦肉率执行 NY/T 822。

5.5 肉质测定

5.5.1 指 标

肌肉 pH 值、肌内颜色、滴水损失、肌内脂肪含量。

5.5.2 方 法

执行 NY/T 822 规定执行。

6 记 录

记录各项性能的测定数据。

7 数据分析

将测定数据输入到育种软件系统中，可以根据校正公式将测定的数据校正到 100 kg 体重。调出某个性状所有数据，使用 BLUP 法对性状进行估计，计算 EBV 指数，根据父系、母系指数进行排序，结合现场体形外貌、生长发育情况确定进入核心群的个体。

ICS 65.020.30

B 40

DB1505

通 辽 市 农 业 地 方 标 准

DB 1505/T 115—2014

野猪及其杂交猪繁殖技术规程

2014—05—20 发布 2014—06—10 实施

通 辽 市 质 量 技 术 监 督 局 发布

前　言

本标准由通辽市农牧业局和通辽市质量技术监督局提出。

本标准由通辽市农牧业局归口。

本标准起草单位：通辽市畜牧兽医科学研究所。

本标准主要起草人：高丽娟、李津、李良臣、贾伟星、刘景忠。

野猪及其杂交猪繁殖技术规程

1 范　围

本标准规定了野猪及其杂交猪的术语定义、特征、习性、选种选育、繁殖技术。本标准适用于通辽地区圈养野猪及其杂交猪的养殖场和养殖户。

2 规范性引用文件

下列文件对于本文件的应用是必不可少的。凡是注日期的引用文件，仅所注日期的版本适用于本文件。凡是不注日期的引用文件，其最新版本（包括所有的修改单）适用于本文件。

DB 1505/T 113　种猪淘汰技术要求

DB 1505/T 114　种猪性能测定技术规范

3 术语与定义

下列术语与定义适用于本标准。

3.1 野　猪

来源于野生状态下并具有纯正血统的猪。

3.2 杂交野猪

野公猪与家猪杂交的后代。

4 特征特性

4.1 外貌特征

4.1.1 毛　色

初生野猪被毛呈土黄色条纹，以后条纹逐渐褪去，颜色变深，成年以后变成黑色。

初生杂交野猪被毛呈纵向深棕褐色较宽的带状条纹，随着日龄增长纵向条纹逐渐消失，成年后为黑黄褐色或棕灰褐色。

4.1.2 体型外貌

野猪头大，呈圆锥形，耳小，向前上方直立。体躯狭窄，前躯较发达，后躯较小，背腰短，腹线平直。鬐甲高于臀部，背部向后倾斜，背直不凹，尾比家猪短，皮粗厚，身体各部衔接良好，结构紧凑，肌肉发达，体格健壮。四肢管骨细长，坚实，呈黑色或灰黑色，每脚有4趾，硬蹄，野猪仅中间2趾着地。雄性野猪犬齿发达，上犬齿外露，并向上翻，野猪耳边有刚硬而稀疏的针毛，脊背鬃毛长而硬。其杂交后代体型外貌兼有父本、母本的特征。

4.1.3 体 重

野公猪17月龄，体重50 kg左右，3年以上体重达到180 kg左右。野母猪17月龄，体重45 kg左右。杂交公猪（去势）8月龄体重70~85 kg，杂交母猪8月龄体重65~75 kg。

4.1.4 体 尺

杂交野猪体尺数据见表1。

表1 杂交野猪体尺　　　　　　　　　　　　　　　　　单位：cm

性别	项目						
	体高	体长	胸围	腹围	肩宽	管围	尻长
成年公猪	70~100	130~200	122~127	120~125	37~40	16~18	28~30
成年母猪	68~72	128~200	118~122	125~130	35~37	14~18	28~29

4.2 野猪及其杂交猪习性

4.2.1 食 性

a）野猪具有食量小、食性杂的特点。

b）杂交野猪具有食性杂特点。

c）上午采食量少，午后及夜间采食量大。

4.2.2 适应性

适应多种气候环境，圈养和放养均可，放养的适应性好于圈养。对潮湿环境的适应性和耐受力差。

4.2.3 合群性

喜群居和群体觅食。

4.2.4 防御性

防御反应强烈，胆小、机敏、易受惊，越障能力强。

4.2.5 生活有序性

生活有序性突出，易形成条件反射。

4.2.6 抗病性

抗病性较强，放养条件下极少发病。

5 杂交猪生产性能

5.1 繁殖性能

杂交母猪初情期为6~7月龄，适宜初配月龄不小于10月龄或体重65 kg以上。年产2胎，初产母猪每胎窝产仔数5~8头，经产母猪每胎窝产仔数6~12头。母猪护仔能力强。

5.2 生长速度

杂交野猪从保育期结束到出栏约150 d左右，肥育期平均日增重为390~450 g，出栏体重80~90 kg。

5.3 料重比

4∶1左右。

5.4 屠宰率

屠宰率70%以上，适宜屠宰体重为80~90 kg。

5.5 胴体瘦肉率

67%~75%。

6 选 种

6.1 选育方法

采用同胞、半同胞及后裔测定方法评定种猪，种猪生产性状测定执行 DB 1505/T 114。

6.2 选 种

根据品种特征、毛色、体型外貌、健康状况、生产性能测定结果、性器官发育情况及体质状况等，断奶时进行初选，选择量为需要量的2~3倍，4月龄进行第二次选择，6月龄选择优秀个体留种。

7　繁　殖

7.1　公　猪

公猪在体重 5～25 kg 进行驯化，初配体重应在 65 kg 以上，每周配种 3～4 次，使用年限 2～4 年。淘汰执行 DB 1505/T 113。

7.2　种母猪

纯种野母猪初配体重应在 50 kg 以上，杂交母猪体重应在 65 kg 以上。发情周期 18～24 d，平均 21d，发情持续 3～5 d。妊娠期 110～120 d，平均 114 d。使用年限 4 年左右。淘汰执行 DB 1505/T 114。

7.3　繁　育

一是纯种野猪场（户），采用纯种血统野猪的公母猪进行纯种繁育，定向培育出优良的纯种野种猪，为生产杂交野猪场（户）提供纯种野猪的种源；二是杂交野猪场（户）采用引进纯种野猪进行定向培育，自用。

7.4　杂交模式

一是选用纯种野猪的公猪×家猪的母猪杂交；二是选用纯种野猪的公猪×杂种母猪（F1）杂交；三是选用纯种野猪的公猪×杂种母猪（F2）杂交。

7.5　配种方式

本交。公母猪分栏饲养。母猪出现发情表现允许爬跨后 12～18 h 进行第一次配种，配种时将母猪赶入公猪圈，待配种完成后把母猪赶回原圈；公猪野性较强的，母猪赶入公猪圈时在母猪的前腿上系绳，用于拉回母猪。第一次配种后间隔 12～24 h 复配一次。

8　妊娠诊断

8.1　配种后 18～24 d 观察母猪是否返情，如果不返情视为妊娠。
8.2　30 d 用超声波妊娠诊断仪进行妊娠诊断。

9 预产期推算

9.1 "三三三"推算法

配种日期加三个月三周三日。

9.2 加4减6法

配种日期月份加4，日期减6。

10 记 录

做好配种、产仔、转群、防疫等记录。记录要及时、准确、完整。所有记录保存2年以上。

_____

ICS　65.020.30
B　40

DB1505

通 辽 市 农 业 地 方 标 准

DB 1505/T 116—2014

野猪及其杂交猪饲养
管理技术规程

2014—05—20 发布　　　　　　　　　　2014—06—10 实施

通 辽 市 质 量 技 术 监 督 局　　发布

前　言

本标准由通辽市农牧业局和通辽市质量技术监督局提出。

本标准由通辽市农牧业局归口。

本标准起草单位：通辽市畜牧兽医科学研究所。

本标准主要起草人：郭煜、高丽娟、李良臣、贾伟星、吴敖其尔。

野猪及其杂交猪饲养管理技术规程

1 范　围

本标准规定了野猪及其杂交猪场选址和场区布局、设施设备、饲料要求、饮水、饲养管理、疫病防治、档案管理的要求。

本标准适用于通辽地区圈舍养殖的野猪及其杂交猪养殖场（户）。

2 规范性引用文件

下列文件对于本文件的应用是必不可少的。凡是注日期的引用文件，仅所注日期的版本适用于本文件。凡是不注日期的引用文件，其最新版本（包括所有的修改单）适用于本文件。

GB 5749　生活饮用水卫生标准

GB 13078　饲料卫生标准

GB 16548　病害动物和病害动物产品生物安全处理规程

GB/T 17824.1　规模猪场建设

NY/T 682　畜禽场场区设计技术规范

DB 1505/T 103　育肥猪用药准则

DB 1505/T 105　猪舍环境质量要求

DB 1505/T 106　猪场兽医防疫规程

DB 1505/T 110　规模化猪场卫生消毒技术操作规程

DB 1505/T 115　野猪及其杂交猪繁殖技术规程

3 场址选择和场区布局

3.1 场址选择符合 NY/T 682 规定。

3.2 猪舍环境质量按 DB 1505/T 105 的规定执行。

4 设施设备

执行 GB/T 17824.1。

5 饲料要求

5.1 饲料种类

5.1.1 精饲料
5.1.1.1 能量饲料

玉米、高粱、大麦、稻谷、草籽树籽类、淀粉质的块根类等。

5.1.1.2 蛋白质饲料

豆类籽实、饼粕类、鱼粉、蛋类、乳类等。

5.1.2 粗饲料

牧草、蔬菜、野菜、树叶类、糟渣类等。

5.1.3 矿物质饲料

盐、磷酸氢钙、石粉等。

5.1.4 饲料添加剂

维生素、微量元素、氨基酸等。

5.2 饲料卫生要求

应符合 GB 13078 的要求。

5.3 饲料贮存

精、粗饲料应有专库保管,无鼠害、干燥、清洁、通风良好。

5.4 饲料加工

5.4.1 精饲料

经过粉碎、膨化、制粒等方法。

5.4.2 粗饲料

青草、块根块茎类,饲喂前应洗净,并切成 1~2 cm 的小段。

5.5 日粮营养水平

按表1规定执行。根据猪群体况和生产状况可对标准做适当增减。

表1 不同阶段野猪及其杂交猪营养需要参考标准

类别	体重（kg）	营养成份				
		消化能（MJ/kg）	粗蛋白（%）	赖氨酸（%）	钙（%）	磷（%）
哺乳仔猪	出生~5	12.97	19.0	1.05	1.00	0.75
保育仔猪	5~20	12.76	17.5	0.95	0.95	0.48
育成猪	20~50	12.55	16.0	0.85	0.70	0.49
育肥猪	50~90	12.34	14.5	0.71	0.70	0.60
种公猪	>50	12.34	15.0	0.58	0.80	0.56
妊娠前期母猪	>50	12.34	13.5	0.45	0.70	0.60
妊娠后期母猪	>50	12.34	15.0	0.58	0.80	0.60
哺乳母猪	>50	12.76	17.0	0.65	0.90	0.60

5.6 饲喂方法

配合饲料与粗饲料混合后饲喂。饲喂方法见表2，饲喂总量根据饲养阶段调整。

表2 野猪及其杂交猪饲喂时间及饲喂比例

饲喂时间	饲喂量（%）				
	种公猪、种母猪	哺乳期仔猪	保育期第一周	保育期第二周	保育期第三周至育肥结束
8：00	20	20	20	30	30
12：00	—	20	20	30	30
16：00	20	20	20	—	—
17：00	—	—	—	30	40
19：00	60	20	20	—	—
22：00	—	20	20	10	—

6 饮　水

水量充足，水质应符合 GB 5749 的要求。

7 饲养管理

7.1 种野公猪饲养管理

7.1.1 驯 化

注意防逃，应控制声响，减少刺激，猪圈周围要尽量保持安静，定时饲喂，形成条件反射，定期刷拭，增加人畜亲和力。

7.1.2 饲养管理

a) 每日饲喂混合精料 1.4~1.6 kg，青绿饲料 2.3~2.5 kg。

b) 根据体重、膘情、配种等情况增减饲喂量，防止腹围过大。

c) 实行单栏饲养，每栏面积为 9~12 m²，外设运动场，以每头 30~50 m² 为宜，运动场周围护栏不低于 1.5m。

d) 每天定时驱赶运动，上、下午各一次，每次 1 h。

e) 每天清粪 2~4 次，保持圈舍卫生。

f) 配种每周 3~4 次，本交。配种应在采食后 2 h，配种后 1 h 内严禁饮水。做好配种记录。

g) 夏季防暑、冬季保温。

7.2 杂种母猪饲养管理

7.2.1 空怀母猪饲养管理

a) 每日饲喂混合精料 1.4~1.6 kg，青绿饲料 2.3~2.5 kg。

b) 根据体重、膘情等情况增减饲喂量。

c) 空怀母猪每栏 4 头，每栏面积为 6 m²，外设运动场，以每头 30~50 m² 为宜，运动场周围护栏不低于 1.5 m。

d) 随时观察母猪发情表现，适时配种时间在允许公猪爬跨后 12~18 h，隔 12~24 h 复配一次。

e) 每天定时运动，清粪 2~4 次。

7.2.2 妊娠母猪饲养管理

a) 环境安静，注意保胎、防止流产，认真观察和记录采食及活动情况。

b) 妊娠前期（配种~21 d）日饲喂混合精料 1.5~1.8 kg，青绿饲料 2.2~2.5 kg；妊娠中期（22~86 d）：日喂混合精料 1.8~2.1 kg，青绿饲料 2.2~2.5 kg；妊娠后期（妊娠 87~114 d）日饲喂混合精料 2.0~2.3 kg，青绿饲料 2.5~3.0 kg。

c) 根据体重、膘情等情况增减饲喂量。

d) 妊娠母猪每栏 4 头，按大、小、强、弱分群；每栏面积为 6 m²，外设运动场，以每头 30~50 m² 为宜，运动场周围护栏不低于 1.5 m。

e) 每天定时运动，应防止拥挤、咬架、滑倒、追赶等，以免造成流产。

f）每天清粪 2~4 次，保持圈舍卫生。

g）舍温冬季不低于 10 ℃，夏季不高于 30 ℃。

h）临产前 1 周转入分娩舍。

7.2.3 哺乳母猪饲养管理

7.2.3.1 产前准备

a）哺乳母猪实行单栏饲养。

b）做好分娩舍清洗、消毒。

c）舍内温度控制在 15~20 ℃，相对湿度 60%~70%，保持空气新鲜。

d）转入分娩舍前，用温水将全身刷洗干净。

e）产前 5~7 d 逐渐减少饲料喂量，对膘情差的母猪可加喂　些富含蛋白质的饲料。

7.2.3.2 接　产

a）出现临产征兆时，准备接产，用消毒药液清洗乳房和后躯。

b）产仔当天停料，保证清洁饮水。

c）仔猪初生后，断脐，掏出口腔和鼻内的黏液，擦干全身，剪牙。

7.2.3.3 泌乳期饲养管理

a）产后第一天给 0.5~1.5 kg 饲料，以后逐渐增加，7 d 后自由采食。

b）母猪产后无奶或奶量不足，可饲喂小米粥、豆浆、鱼汤等催奶。对产仔多、泌乳差的母猪，仔猪应寄养或人工哺乳。

c）断奶前 3~4 d，母猪日喂量逐渐减少到 1.5~2.0 kg。

d）仔猪 35 日龄断奶后，母猪转入配种舍。

7.3 哺乳仔猪饲养管理

a）仔猪适宜温度：1~7 日龄 25~32 ℃，8~35 日龄 20~25 ℃。

b）仔猪生后 3 h 内应吃足初乳，对体弱仔猪应人工辅助吃足初乳。

c）仔猪 3 日龄和 15 日龄两次肌肉注射铁制剂。

d）7 日龄训练开食，每天 4~5 次，直到仔猪正常采食，日喂混合精料 0.1~0.5 kg，少量给青绿饲料。

e）10 日龄左右公猪去势。

f）35 日龄断奶。

7.4 保育猪饲养管理

a）哺乳仔猪断奶后留在原圈饲养 1 周，然后转到保育舍饲养。

b）保育猪 1 周内仍喂哺乳猪料，并控制采食；1 周后逐渐过渡到保育猪料，日喂混合精料 1.0~1.2 kg，青绿饲料 0.5~1.2 kg。

c）每天清粪 4 次，保持圈舍卫生。

d）冬季保温，夏季防暑，转入保育舍 1～2 周，舍内适宜温度 25～27 ℃，湿度 65% 为宜。

e）进行定点采食、排便、睡卧的调教。

f）保育猪饲养 6 周后转入育成、育肥舍。

7.5 育成猪、育肥猪饲养管理

a）保育猪转入育成、育肥舍，应原窝转群。

b）应及时调教，逐渐养成吃、睡、排泄三点定位的习惯。

c）日喂混合精料 1.3～2.5 kg，青绿饲料 2.0～2.5 kg。

d）每天清粪 4 次，保持圈舍卫生。

e）体重达到 80～90 kg 时出栏。

7.6 后备猪饲养管理

7.6.1 选择

执行 DB 1505/T 115。

7.6.2 饲养管理

a）后备种公猪性成熟后应单栏饲养。

b）每天上、下午驱赶运动 1 h。

c）根据体况限制饲喂量，日喂料量为体重的 2.5%～3.0%，配种前 10～14 d 施行短期优饲。

8 疫病防制

8.1 疫病预防执行 DB 1505/T 106。

8.2 治疗用药执行 DB 1505/T 103。

8.3 消毒执行 DB 1505/T 110。

8.4 病死猪尸体无害化处理执行 GB 16548。

9 记 录

做好配种、产仔、转群、防疫等记录。记录要及时、准确、完整。所有记录保存 2 年以上。

ICS 65.020.30
B 45

DB1505

通 辽 市 农 业 地 方 标 准

DB 1505/T 133—2014

野猪及其杂交猪猪肉

2014—05—20 发布   2014—06—10 实施

通 辽 市 质 量 技 术 监 督 局   发布

前　言

本标准由通辽市农牧业局和通辽市质量技术监督局提出。

本标准由通辽市农牧业局归口。

本标准起草单位：通辽市畜牧兽医科学研究所。

本标准主要起草人：邵志文、李津、高丽娟、贾伟星、李良臣。

野猪及其杂交猪猪肉

1 范 围

本标准规定了野猪及其杂交猪猪肉的原料质量、技术要求、检测方法、检验规则、标志、包装、运输、贮存等技术要求。

本标准适用于通辽地区野猪及其杂交猪猪肉的加工、销售。

2 规范性引用文件

下列文件对于本文件的应用是必不可少的。凡是注日期的引用文件，仅所注日期的版本适用于本文件。凡是不注日期的引用文件，其最新版本（包括所有的修改单）适用于本文件。

GB/T 191　包装储运图示标志

GB 4789.2　食品卫生微生物学检验　菌落总数测定

GB 4789.3　食品卫生微生物学检验　大肠菌群测定

GB 4789.4　食品卫生微生物学检验　沙门氏菌检验

GB 4789.6　食品卫生微生物学检验　致泻大肠埃希氏菌检验

GB 4789.10　食品卫生微生物学检验　金黄色葡萄球菌检验

GB/T 5009.5　食品中蛋白质的测定方法

GB/T 5009.11　食品中总砷的测定方法

GB/T 5009.12　食品中铅的测定方法

GB/T 5009.13　食品中铜的测定方法

GB/T 5009.15　食品中镉的测定方法

GB/T 5009.17　食品中总汞的测定方法

GB/T 5009.19　食品中六六六、滴滴涕残留量的测定方法

GB/T 5009.20　食品中有机磷农药残留量的测定方法

GB/T 5009.33　食品中亚硝酸盐与硝酸盐的测定方法

GB/T 5009.44　食品中肉与肉制品卫生标准的分析方法

GB/T 5009.123　食品中铬的测定方法

GB 5749　生活饮用水卫生标准

GB7718　食品标签通用标准

GB 12694　肉类加工厂卫生规范

GB/T14931.1　畜禽肉中土霉素、四环素、金霉素残留量测定方法

GB/T 14931.2　畜禽肉中乙烯雌酚的测定方法

GB 16549　畜禽产地检疫规范

GB 18394　畜禽肉水分限量

GB/T 20799　鲜、冻肉运输条件

NY/T 658　绿色食品　包装通用标准

NY/T 821　猪肌肉品质测定技术规范

NY/T 1055　绿色食品　产品检验规则

SN 0208　出口肉中十种磺胺残留量检验方法

SN 0347　出口肉中氯霉素残留量检验方法

SN 0539　出口肉中青霉素残留量检验方法

SN/T 1924　进出口动物源食品中克伦特罗、莱克多巴胺、沙丁胺醇和特布特林残留量的测定　液相色谱-质谱/质谱法

SB/T 10387　畜禽肉和水产品中呋喃唑酮的测定

DB 1505/T 116　野猪及其杂交猪饲养管理技术规程

中华人民共和国农业部第781号公告　动物源食品中阿维菌素类药物残留量的测定　高效液相色谱法甲醇—氯仿浸提法

3　术语和定义

下列术语和定义适用于本标准。

3.1　肉　色

肌肉横截面颜色的鲜亮程度。

3.2　肌肉 pH 值

宰后一定时间内肌肉的酸碱度，简称 pH 值。

3.3　肌内脂肪

肌肉组织内的脂肪含量。

4　技术要求

4.1　原　料

按 DB 1505/T 116 要求饲养的商品肉猪，并按 GB 16549 规定检疫合格。

4.2 屠宰加工及卫生

执行 GB 12694。

4.3 屠宰加工用水

应符合 GB 5749 的规定。

5 产品质量要求

5.1 感官指标

感官指标见表 1。

表 1 感官指标

项 目	感官指标
肉色	肌肉色泽鲜红或深红；脂肪呈乳白色或粉白色
气味	有野猪肉固有的气味，无异味
组织状态	肉质紧密、有坚实感
煮沸后肉汤	透明澄清，脂肪团聚于表面，具特有香味和鲜味
肉眼可见异物	不得带伤斑、血瘀、血污、病变组织、淋巴结、脓包、浮毛或其他杂质

5.2 肉质要求

肉质要求见表 2。

表 2 肉质要求

项 目	指 标
pH 值	pH_1: 5.9~6.5 或 pH_{24}: 5.6~6.0
肉色（比色）	3 级或 4 级鲜红
系水力（%）	80%~95%
粗蛋白（以肌肉计）（%）	≥20
肌内脂肪（%）	1.8~2.0
肌内脂肪中亚油酸（%）	≥18

5.3 理化指标

理化指标见表3。

表3 理化指标

项 目	指 标
水分（%）	≤77
肌内脂肪（%）	≤1.8
肌内脂肪中亚油酸（%）	≥18
挥发性盐基氮（mg/100g）	≤15
铅（以 Pb 计）（mg/kg）	≤0.10
无机砷（mg/kg）	≤0.05
镉（Cd）（mg/kg）	≤0.1
总汞（以 Hg 计）（mg/kg）	≤0.05
铬（Cr）（mg/kg）	≤0.5
铜（Cu）（mg/kg）	≤10
亚硝酸盐（以 $NaNO_2$ 计）（mg/kg）	≤3
六六六（mg/kg）	≤0.05
滴滴涕（mg/kg）	≤0.05
敌敌畏（mg/kg）	≤0.02
青霉素（mg/kg）	<0.05
伊维菌素（mg/kg）	≤0.02
盐酸克伦特罗	不得检出
莱克多巴胺	不得检出
沙丁胺醇	不得检出
四环素	不得检出
金霉素	不得检出
土霉素	不得检出
磺胺类	不得检出
己烯雌酚	不得检出
呋喃唑酮	不得检出
氯霉素	不得检出

5.4 微生物指标

微生物指标见表4。

表4 微生物指标

项 目	指 标
菌落总数（cfu/g）	$\leq 1\times 10^6$
大肠菌群（MPN/100 g）	$\leq 1\times 10^4$
沙门氏菌	不得检出
致泻大肠埃希氏菌	不得检出
金黄色葡萄球菌	不得检出

6 检测方法

各种指标的检测方法见表5。

表5 野猪及其杂交猪肉各种指标检测方法

项 目	检测方法	标准名称
外形和色泽	目测	
组织状态	手触、目测	
气味	嗅	
煮沸后肉汤	食品中肉与肉制品卫生标准的分析方法	GB 5009.44 中 3.2
肉色	猪肌肉品质测定技术规范	NY/T 821
pH	猪肌肉品质测定技术规范	NY/T 821
水分	猪肌肉品质测定技术规范	NY/T 821
肌内脂肪	猪肌肉品质测定技术规范	NY/T 821
粗蛋白	食品中蛋白质的测定方法	GB 5009.5
肌内亚油酸	采用甲醇——氯仿浸提法	
挥发性盐基氮	食品中肉与肉制品卫生标准的分析方法	GB 5009.44
铅	食品中铅的测定方法	GB 5009.12
砷	食品中总砷的测定方法	GB 5009.11
镉	食品中镉的测定方法	GB 5009.15
铬	食品中镉的测定方法	GB 5009.123

项　目	检测方法	标准名称
铜	食品中铜的测定方法	GB/T 5009.13
汞	食品中总汞的测定方法	GB/T 5009.17
亚硝酸盐	食品中亚硝酸盐与硝酸盐的测定方法	GB/T 5009　33
水分含量检验	畜禽肉水分限量	GB 18394
六六六	食品中六六六、滴滴涕残留量的测定方法	GB/T 5009.19
滴滴涕	食品中六六六、滴滴涕残留量的测定方法	GB/T 5009.19
敌敌畏	食品中有机磷农药残留量的测定方法	GB/T 5009.20
盐酸克伦特罗	液相色谱-质谱/质谱法	SN/T 1924
莱克多巴胺	液相色谱-质谱/质谱法	SN/T 1924
沙丁胺醇	液相色谱-质谱/质谱法	SN/T 1924
伊维菌素	农业部 781 号公告—5—2006 动物源食　高效液相色谱法	
四环素	畜禽肉中土霉素、四环素、金霉素残留量测定方法	GB/T 14931.1
土霉素	畜禽肉中土霉素、四环素、金霉素残留量测定方法	GB/T 14931.1
金霉素	畜禽肉中土霉素、四环素、金霉素残留量测定方法	GB/T 14931.1
青霉素	出口肉中青霉素残留量检验方法	SN 0539
氯霉素	出口肉中氯霉素残留量检验方法	SN 0347
磺胺类	出口肉中十种磺胺残留量检验方法	SN 0208
呋喃挫酮	畜禽肉和水产品中呋喃唑酮的测定	SB/T 10387
乙烯雌酚	畜禽肉中乙烯雌酚的测定方法	GB/T 14931.2
菌落总数	食品卫生微生物学检验　菌落总数测定	GB 4789.2
大肠菌群	食品卫生微生物学检验　大肠菌群测定	GB 4789.3
沙门氏菌	食品卫生微生物学检验　沙门氏菌检验	GB 4789.4
致泻大肠埃希氏菌	食品微生物学检验-致泻大肠埃希氏菌检验	GB/T 4789.6
金黄色葡萄球菌	食品微生物学检验　金黄色葡萄球菌检验	GB 4789.10

7　检验规则

执行 NY/T 1055。

8 标志、包装、运输、贮存

8.1 标 志

8.1.1 箱外标志符合 GB 191 的规定。

8.1.2 标签符合 GB 7718 的规定。

8.2 包 装

执行 NY/T 658。

8.3 运输、贮存

运输条件符合 GB/T 20799 要求。产品应贮存在通风良好的场所，不得与有毒、有害、有异味、易挥发、易腐蚀的物品共同贮存。冷却猪肉应贮存在 0~4 ℃的冷却间，相对湿度 80%~90%，冷冻分割猪肉应贮存在低于−18 ℃的冷藏库内，库温 2 4h 升降温幅度不超过 1 ℃。

通辽市肉猪标准体系表

本标准体系共有 205 项标准，其中：国家标准 114 项，行业标准 69 项，自治区地方标准 3 项，通辽市农业地方标准 19 项，详细附后。

肉猪标准体系表

a 基础综合

序号	体系号	内容类别	标准名称	标准编号
1	YCa1-01	名词与术语	畜禽环境术语	GB/T 19525.1-2004
2	YCa1-02	名词与术语	畜禽养殖废弃物管理术语	GB/T 25171-2010
3	YCa1-03	名词与术语	饲料工业术语	GB/T 10647-2008
4	YCa1-04	名词与术语	饲料加工工艺术语	GB/T 25698-2010
5	YCa1-05	名词与术语	肉与肉制品术语	GB/T 19480-2009
6	YCa1-06	名词与术语	包装术语第1部分：基础	GB/T 4122.1 2008
7	YCa1-07	名词与术语	包装术语第2部分：机械	GB/T 4122.2-2010
8	YCa1-08	名词与术语	动物防疫基本术语	GB/T 18635-2002
9	YCa1-09	名词与术语	猪肉及猪副产品流通分类与代码	SB/T 10746-2012
10	YCa2-01	综合	猪肉质量安全追溯系统技术规范	DB 1505/T 100-2014
11	YCa2-02	综合	饲料和食品链的可追溯性体系设计与实施指南	GB/T 25008-2010
12	YCa2-03	综合	饲料和食品链的可追溯性体系设计与实施的通用原则和基本要求	GB/T 22005-2009
13	YCa2-04	综合	家畜用耳标及固定器	NY 534-2002
14	YCa2-05	综合	动物防疫耳标规范	NY/T 938-2005
15	YCa2-06	综合	农产品质量安全追溯操作规程通则	NY/T 1761-2009
16	YCa2-07	综合	农产品质量安全追溯操作规程畜肉	NY/T 1764-2009
17	YCa2-08	综合	商品条码畜肉追溯编码与条码表示	DB 15/T 532-2012
18	YCa2-09	综合	牲畜射频识别产品电子代码结构	DB 15/T 533-2012
19	YCa2-10	综合	食品安全追溯体系设计与实施通用规范	DB 15/T641-2012

b 环境与设施

序号	体系号	内容类别	标准名称	标准编号
20	YCb1-01	产地环境	畜牧养殖 产地环境技术条件	DB 1505/T 005-2014
21	YCb1-02	产地环境	土壤环境质量标准	GB 15618-1995
22	YCb1-03	产地环境	生活饮用水卫生标准	GB 5749-2006
23	YCb1-04	产地环境	畜禽场环境质量评价准则	GB/T 19525.2-2004
24	YCb1-05	产地环境	农、畜、水产品产地环境监测的登记、统计、评价与检索规范	GB/T 22339-2008

序号	体系号	内容类别	标准名称	标准编号
25	YCb1-06	产地环境	农产品安全质量无公害 畜禽肉产地环境要求	GB/T 18407.3-2001
26	YCb1-07	产地环境	规模猪场环境参数及环境管理	GB/T 17824.3-2008
27	YCb1-08	产地环境	环境空气质量标准	GB 3095-2012
28	YCb1-09	产地环境	绿色食品产地环境质量	NY/T 391-2000
29	YCb1-10	产地环境	畜禽场环境质量标准	NY/T 388-1999
30	YCb1-11	产地环境	畜禽场环境质量及卫生控制规范	NY/T 1167-2006
31	YCb2-01	猪舍设计与建设	猪舍设计与建筑技术规范	DB 1505/T 112-2014
32	YCb2-02	猪舍设计与建设	规模猪场建设	GB/T 17824.1-2008
33	YCb2-03	猪舍设计与建设	畜禽舍纵向通风系统设计规程	GB/T 26623-2011
34	YCb2-04	猪舍设计与建设	畜禽养殖污水贮存设施设计要求	GB/T 26624-2011
35	YCb2-05	猪舍设计与建设	畜禽粪便贮存设施设计要求	GB/T 27622-2011
36	YCb2-06	猪舍设计与建设	畜禽场场区设计技术规范	NY/T 682-2003
37	YCb2-07	猪舍设计与建设	标准化养猪小区项目建设标准	NY/T 2078-2011
38	YCb2-08	猪舍设计与建设	种公猪站建设技术规范	NY/T 2077-2011
39	YCb2-09	猪舍设计与建设	种猪性能测定中心建设标准	NY/T 2241-2012
40	YCb3-01	猪舍条件与卫生	猪舍环境质量要求	DB 1505/T105-2014
41	YCb3-02	猪舍条件与卫生	畜禽养殖业污染物排放标准	GB 18596-2001
42	YCb3-03	猪舍条件与卫生	粪便无害化卫生标准	GB 7959-2012
43	YCb3-04	猪舍条件与卫生	污水排放标准	GB 8978-1996
44	YCb3-05	猪舍条件与卫生	恶臭污染排放标准	GB 14554-1993
45	YCb3-06	猪舍条件与卫生	畜禽粪便监测技术规范	GB/T 25169-2010
46	YCb3-07	猪舍条件与卫生	畜禽粪便无害化处理技术规范	NY/T 1168-2006
47	YCb3-08	猪舍条件与卫生	畜禽场环境污染控制技术规范	NY/T 1169-2006

c 养殖生产

序号	体系号	内容类别	标准名称	标准编号
48	YCc1-01	品种质量	长白猪种猪	GB 22283-2008
49	YCc1-02	品种质量	大约克夏猪种猪	GB 22284-2008
50	YCc1-03	品种质量	杜洛克猪种猪	GB 22285-2008

序号	体系号	内容类别	标准名称	标准编号
51	YCc1-04	品种质量	瘦肉型猪品种（系）鉴定和验收	NY/T 51-1987
52	YCc2-01	繁殖技术	种猪淘汰技术要求	DB 1505/T 113-2014
53	YCc2-02	繁殖技术	猪常温精液生产技术规程	DB 1505/T 101-2014
54	YCc2-03	繁殖技术	瘦肉型种猪饲养管理技术规程	DB 1505/T 104-2014
55	YCc2-04	繁殖技术	种猪场技术规范	DB 1505/T 108-2014
56	YCc2-05	繁殖技术	野猪及其杂交猪繁殖技术规程	DB 1505/T 115-2014
57	YCc2-06	繁殖技术	猪常温精液生产与保存技术规范	GB/T 25172-2010
58	YCc2-07	繁殖技术	猪人工授精技术规程	NY/T 636-2002
59	YCc3-01	繁育技术	种猪性能测定技术规范	DB 1505/T 114-2014
60	YCc3-02	繁育技术	畜禽遗传资源调查技术规范第2部分：猪	GB/T 27534.2-2011
61	YCc3-03	繁育技术	瘦肉型猪胴体性状测定技术规范	NY/T 825-2004
62	YCc3-04	繁育技术	瘦肉型猪选育技术规程	NY/T 61-1987
63	YCc3-05	繁育技术	种猪生产性能测定规程	NY/T 822-2004
64	YCc3-06	繁育技术	种猪登记技术规范	NY/T 820-2004
65	YCc4-01	育肥饲养管理	商品猪场技术规范	DB 1505/T 111-2014
66	YCc4-02	育肥饲养管理	野猪及其杂交猪饲养管理技术规范	DB 1505/T 116-2014
67	YCc4-03	育肥饲养管理	绿色育肥猪饲养管理技术规程	DB 1505/T 107-2014
68	YCc4-04	育肥饲养管理	无公害食品生猪饲养管理准则	NY/T 5033-2001
69	YCc4-05	育肥饲养管理	猪饲养标准	NY/T 65-2004
70	YCc4-06	育肥饲养管理	良好农业规范 第9部分：猪控制点与符合性规范	GB/T 20014.9-2013
71	YCc4-07	育肥饲养管理	规模猪场生产技术规程	GB/T 17824.2-2008
72	YCc5-01	饲料与饲料加工	猪用饲料质量安全要求	DB 1505/T 102-2014
73	YCc5-02	饲料与饲料加工	饲料标签	GB 10648-2013
74	YCc5-03	饲料与饲料加工	饲料卫生标准（含第1号修改单）	GB 13078-2001
75	YCc5-04	饲料与饲料加工	饲料用玉米	GB/T 17890-2008
76	YCc5-05	饲料与饲料加工	仔猪、生长肥育猪配合饲料	GB/T 5915-1993
77	YCc5-06	饲料与饲料加工	配合饲料企业卫生规范	GB/T 16764-2006
78	YCc5-07	饲料与饲料加工	绿色食品畜禽饲料及饲料添加剂使用准则	NY/T 471-2010

序号	体系号	内容类别	标准名称	标准编号
79	YCc6-01	疾病防控	猪场兽医防疫规程	DB 1505/T 106—2014
80	YCc6-02	疾病防控	猪场生物安全技术规范	DB 1505/T 109—2014
81	YCc6-03	疾病防控	规模化猪场卫生消毒技术操作规程	DB 1505/T 110—2014
82	YCc6-04	疾病防控	病害动物和病害动物产品生物安全处理规程	GB 16548—2006
83	YCc6-05	疾病防控	种畜禽调运检疫技术规范	GB 16547—1996
84	YCc6-06	疾病防控	畜禽产地检疫规范	GB 16549—1996
85	YCc6-07	疾病防控	集约化养猪场防疫基本要求	GB/T 17823—2009
86	YCc6-08	疾病防控	无公害食品生猪饲养兽医防疫准则	NY 5031—2001
87	YCc6-09	疾病防控	猪链球菌病监测技术规范	NY/T 1981—2010
88	YCc6-10	疾病防控	猪传染性胸膜肺炎检疫技术规范	SN/T 1447—2011
89	YCc6-11	疾病防控	猪痢疾检疫技术规范	SN/T 1207—2011
90	YCc6-12	疾病防控	古典猪瘟检疫规程	SN/T 1379—2010
91	YCc6-13	疾病防控	猪圆环病毒病检疫技术规范	SN/T 2708—2010
92	YCc7-01	兽药使用	育肥猪用药准则	DB 1505/T 103—2014
93	YCc7-02	兽药使用	绿色食品兽药使用准则	NY/T 472—2006

d 精深加工

序号	体系号	内容类别	标准名称	标准编号
94	YCd1-01	屠宰分割	生猪屠宰产品品质检验规程	GB/T 17996—1999
95	YCd1-02	屠宰分割	冷却包装分割猪肉辐照杀菌工艺	GB/T 18526.7—2001
96	YCd1-03	屠宰分割	生猪屠宰操作规程	GB/T 17236—2008
97	YCd1-04	屠宰分割	猪屠宰与分割车间设计规范	GB 50317—2009
98	YCd1-05	屠宰分割	分割鲜、冻猪瘦肉	GB/T 9959.2—2008
99	YCd1-06	屠宰分割	生猪屠宰检疫规范	NY/T 909—2004
100	YCd1-07	屠宰分割	生猪屠宰加工场（厂）动物卫生条件	NY/T 2076—2011
101	YCd1-08	屠宰分割	猪屠宰分割安全产品质量认证评审准则	SB/T 10363—2012
102	YCd2-01	加工工艺	冷却猪肉加工技术要求	GB/T 22289—2008
103	YCd2-02	加工工艺	生猪屠宰产品品质检验规程	GB/T 17996—1999

序号	体系号	内容类别	标准名称	标准编号
104	YCd2-03	加工工艺	片猪肉激光灼刻标识码、印应用规范	SB/T 10570-2010
105	YCd2-04	加工工艺	调理肉制品加工技术规范	NY/T 2073-2011
106	YCd2-05	加工工艺	冷却肉加工技术规范	NY/T 1565-2007
107	YCd2-06	加工工艺	猪副产品利用技术规范	SB/T 10910-2012
108	YCd2-07	加工工艺	肉类加工厂卫生规范	GB 12694-1990
109	YCd2 08	加工工艺	牛猪副产品加工人员技能要求	SB/T 10658-2012
110	YCd3-01	加工设备	畜禽屠宰加工设备通用技术条件	SB/T 10456-2008
111	YCd3-02	加工设备	畜禽屠宰加工设备切割机	SB/T 10497-2008
112	YCd3-03	加工设备	畜禽屠宰加工设备分割输送机	SB/T 10498-2008

e 产品质量

序号	体系号	内容类别	标准名称	标准编号
113	YCe1-01	卫生与安全	食品安全国家标准 食品生产通用卫生规范	GB 14881-2013
114	YCe1-02	卫生与安全	肉类加工厂卫生规范	GB 12694-1990
115	YCe1-03	卫生与安全	农产品安全质量无公害 畜禽肉安全要求	GB 18406.3-2001
116	YCe1-04	卫生与安全	食品中农药最大残留限量	GB 2763-2012
117	YCe1-05	卫生与安全	饲料卫生标准饲料中亚硝酸盐允许量	GB 13078.1-2006
118	YCe1-06	卫生与安全	饲料卫生标准饲料中赭曲霉毒素 A 和玉米赤霉烯酮的允许量	GB 13078.2-2006
119	YCe1-07	卫生与安全	配合饲料中脱氧雪腐镰刀菌烯醇的允许量	GB 13078.3-2007
120	YCe1-08	卫生与安全	畜禽肉水分限量	GB 18394-2001
121	YCe1-09	卫生与安全	鲜（冻）畜肉卫生标准	GB 2707-2005
122	YCe1-10	卫生与安全	鲜、冻肉生产良好操作规范	GB/T 20575-2006
123	YCe1-10	卫生与安全	辐照猪肉卫生	GB 14891.6-1994
124	YCe2-01	质量等级	野猪及其杂交猪猪肉	DB 1505/T 133-2014
125	YCe2-02	质量等级	鲜、冻片猪肉（含第 1 号、第 2 号修改单）	GB 9959.1-2001
126	YCe2-03	质量等级	酱卤肉制品	GB/T 23586-2009

序号	体系号	内容类别	标准名称	标准编号
127	YCe2-04	质量等级	绿色食品肉及肉制品	NY/T 843-2009
128	YCe2-05	质量等级	猪肉等级规格	NY/T 1759-2009
129	YCe2-06	质量等级	猪肌肉品质测定技术规范	NY/T 821-2004
130	YCe2-07	质量等级	无公害食品猪肉	NY 5029-2008
131	YCe2-08	质量等级	猪肉分级	SB/T 10656-2012
132	YCe2-09	质量等级	速冻调制食品	SB/T 10379-2012
133	YCe2-10	质量等级	乳猪肉	SB/T 10293-2012
134	YCe2-11	质量等级	腌猪肉	SB/T 10294-2012
135	YCe2-12	质量等级	猪肉蛋卷罐头	QB/T 1356-1991
136	YCe2-13	质量等级	红烧扣肉罐头	QB/T 1361-1991
137	YCe2-14	质量等级	红烧猪肉罐头	QB/T 1362-1991
138	YCe2-15	质量等级	清蒸猪肉罐头	QB/T 2786-2006
139	YCe2-16	质量等级	原汁猪肉罐头	QB/T 2787-2006
140	YCe2-17	质量等级	猪肉香肠罐头	QB/T 3602-1999
141	YCe2-18	质量等级	猪肉腊肠罐头	QB/T 3603-1999
142	YCe2-19	质量等级	猪肉糜类罐头	GB/T 13213-2006
143	YCe2-20	质量等级	冷却猪肉	NY/T 632-2002

f 检验检测

序号	体系号	内容类别	标准名称	标准编号
144	YCf1-01	感官	肉与肉制品感官评定规范	GB/T 22210-2008
145	YCf2-01	卫生	食品微生物学检验菌落总数测定	GB/T 4789.2-2010
146	YCf2-02	卫生	食品微生物学检验大肠菌群计数	GB/T 4789.3-2010
147	YCf2-03	卫生	食品微生物学检验沙门氏菌检验	GB/T 4789.4-2010
148	YCf2-04	卫生	食品卫生微生物学检验致泻大肠埃希氏菌检验	GB/T 4789.6-2003
149	YCf2-05	卫生	食品安全国家标准食品微生物学检验肉与肉制品检验	GB/T 4789.17-2003
150	YCf2-06	卫生	食品中总砷及无机砷的测定	GB/T 5009.11-2003
151	YCf2-07	卫生	食品中铅的测定	GB/T 5009.12-2010

序号	体系号	内容类别	标准名称	标准编号
152	YCf2-08	卫生	食品中镉的测定	GB/T 5009.15-2003
153	YCf2-09	卫生	食品中总汞及有机汞的测定	GB/T 5009.17-2003
154	YCf2-10	卫生	食品中黄曲霉毒素 M1 与 B1 的测定	GB/T 5009.24-2010
155	YCf2-11	卫生	食品中苯并 α 芘的测定	GB/T 5009.27-2003
156	YCf2-12	卫生	食品中亚硝酸盐与硝酸盐的测定	GB/T 5009.33-2010
157	YCf2-13	卫生	肉与肉制品卫生标准的分析方法	GB/T 5009.44-2003
158	YCf2-14	卫生	畜禽肉中乙烯雌酚的测定	GB/T 5009.108-2003
159	YCf2-15	卫生	畜、禽肉中土霉素、四环素、金霉素残留量的测定	GB/T5009.116-2003
160	YCf2-16	卫生	食品中铬的测定	GB/T5009.123-2003
161	YCf2-17	卫生	动物性食品中有机磷农药多组分残留量的测定	GB/T5009.161-2003
162	YCf2-18	卫生	动物性食品中有机氯农药和拟除虫菊酯农药多组分残留量的测定	GB/T5009.162-2003
163	YCf2-19	卫生	动物性食品中氨基甲酸酯类农药多组分残留高效液相色谱测定	GB/T5009.163-2003
164	YCf2-20	卫生	动物性食品中克伦特罗残留量的测定	GB/T5009.192-2003
165	YCf2-21	卫生	动物源性饲料中猪源性成分定性检测方法 PCR 方法	GB/T21101-2007
166	YCf2-22	卫生	猪肾和肌肉组织中乙酰丙嗪、氯丙嗪、氟哌啶醇、丙酰二甲氨基丙吩	GB/T 20763-2006
167	YCf2-23	卫生	猪肉、猪肝和猪肾中杆菌肽残留的测定液相色谱-串联质谱法	GB/T 20743-2006
168	YCf2-24	卫生	牛、猪的肝脏和肌肉中卡巴氧、喹乙醇及代谢物残留量的测定液相	GB/T 20746-2006
169	YCf2-25	卫生	牛和猪脂肪中醋酸美仑孕酮、醋酸氯地孕酮和醋酸甲地孕酮残留量测定	GB/T 20753-2006
170	YCf2-26	卫生	猪肉、牛肉、鸡肉、猪肝和水产品中硝基呋喃类代谢物残留量的测定液相色谱-串联质谱法	GB/T 20752-2006
171	YCf2-27	卫生	畜禽肉中几种青霉素类药物残留量的测定液相色谱—串联质谱法	GB/T 20755-2006

序号	体系号	内容类别	标准名称	标准编号
172	YCf2-28	卫生	畜禽肉中十六种磺胺类药物残留量的测定液相色谱—串联质谱法	GB/T 20759-2006
173	YCf2-29	卫生	动物组织中盐酸克伦特罗的测定气相色谱—质谱法	NY/T 468-2006
174	YCf2-30	卫生	出口肉及肉制品中2,4-滴丁酯残留量检验方法	SN 0590-1996
175	YCf2-31	卫生	出口肉及肉制品中左旋咪唑残留量检验方法气相色谱法	SN 0349-1995
176	YCf3-01	质量	饲料中粗蛋白测定	GB/T 6432-1994
177	YCf3-02	质量	饲料中粗纤维的含量测定	GB/T 6434-2006
178	YCf3-03	质量	饲料中水分和其他挥发性物质含量的测定	GB/T 6435-2006
179	YCf3-04	质量	饲料中总砷的测定	GB/T 13079-2006
180	YCf3-05	质量	饲料中汞的测定	GB/T 13081-2006
181	YCf3-06	质量	饲料中黄曲霉素 B1 的测定半定量薄层色谱法	GB/T 8381-2008
182	YCf3-07	质量	饲料中沙门氏菌的检测方法	GB/T 13091-2002
183	YCf3-08	质量	饲料中霉菌总数测定方法	GB/T 13092-2006
184	YCf3-09	质量	饲料中细菌总数的测定	GB/T 13093-2006
185	YCf3-10	质量	空气质量-恶臭的测定	GB/T 14675-1993
186	YCf3-11	质量	环境空气和废气氨的测定纳氏试剂分光光度法	HJ 533-2009
187	YCf3-12	质量	环境空气-二氧化硫的测定甲醛吸收-副玫瑰苯胺分光光度法	HJ 482-2009
188	YCf3-13	质量	环境空气-氮氧化物的测定盐酸萘乙二胺分光光度法	HJ 479-2009
189	YCf3-14	质量	无公害食品产品抽样规范第6部分：畜禽产品	NY/T 5344.6-2006
190	YCf3-15	质量	猪瘟病毒逆转录环介导等温核酸扩增检测方法	SN/T 3327-2012

g 流通销售

序号	体系号	内容类别	标准名称	标准编号
191	YCg1-01	包装与标识	食品安全国家标准预包装食品标签通则	GB 7718-2011
192	YCg1-02	包装与标识	食品安全国家标准预包装食品营养标签通则	GB 28050-2011
193	YCg1-03	包装与标识	食品包装用聚氯乙烯成型品卫生标准	GB 9681-1988
194	YCg1-04	包装与标识	食品包装用聚乙烯成型品卫生标准	GB 9687-1988
195	YCg1-05	包装与标识	食品包装用聚氯丙烯成型品卫生标准	GB 9688-1988
196	YCg1-06	包装与标识	食品包装用聚苯乙烯成型品卫生标准	GB 9689-1988
197	YCg1-07	包装与标识	包装储运图示标志	GB/T 191-2008
198	YCg1-08	包装与标识	包装用聚乙烯吹塑薄膜	GB/T 4456-2008
199	YCg1-09	包装与标识	运输包装收发货标志	GB/T 6388-1986
200	YCg1-10	包装与标识	运输包装用单瓦楞纸箱和双瓦楞纸箱	GB/T 6543-2008
201	YCg2-01	贮存与运输	鲜、冻肉运输条件	GB/T 20799-2006
202	YCg2-02	贮存与运输	绿色食品贮藏运输准则	NY/T 1056-2006
203	YCg2-03	贮存与运输	畜禽产品流通卫生操作技术规范	SB/T 10395-2005
204	YCg2-04	贮存与运输	易腐食品冷藏链技术要求禽畜肉	SB/T 10730-2012
205	YCg2-05	贮存与运输	易腐食品冷藏链操作规范禽畜肉	SB/T 10731-2012